U0190865

MANAGING
IN THE GRAY
Five Timeless Questions for
Resolving Your
Hardest Problems at Work

灰度
决策

如何处理
复杂、棘手、
高风险的难题

[美] 小约瑟夫·巴达拉克 著
（Joseph L. Badaracco）

唐伟 张鑫 译

机械工业出版社
CHINA MACHINE PRESS

图书在版编目（CIP）数据

灰度决策：如何处理复杂、棘手、高风险的难题 /（美）小约瑟夫·巴达拉克（Joseph L. Badaracco）著；唐伟，张鑫译 . —北京：机械工业出版社，2017.12（2025.3 重印）
书名原文：Managing in the Gray: Five Timeless Questions for Resolving Your Hardest
　　　　　Problems at Work

ISBN 978-7-111-58464-3

I. 灰… II. ①小… ②唐… ③张… III. 灰色决策 IV. N94

中国版本图书馆 CIP 数据核字（2017）第 275685 号

北京市版权局著作权合同登记　图字：01-2017-4110 号。

灰度决策：如何处理复杂、棘手、高风险的难题

出版发行：机械工业出版社（北京市西城区百万庄大街 22 号　邮政编码：100037）
责任编辑：刘新艳
责任校对：李秋荣
印　　刷：三河市宏达印刷有限公司
版　　次：2025 年 3 月第 1 版第 26 次印刷
开　　本：147mm×210mm　1/32
印　　张：6.25
书　　号：ISBN 978-7-111-58464-3
定　　价：69.00 元

客服电话：（010）88361066　68326294

致我在哈佛商学院领导力与企业责任课程的
同事，从你们身上我学到了很多。

赞 誉

Managing in the Gray

基于线性思维的传统管理认为，只要严格按照既定规范制订和实施计划，就可以获得预期的结果，过程中出现的偏离或者扰动只是一些"意外"。但实际上，这些"意外"可能正是内部非线性关系导致的不确定性和复杂性。复杂性问题不能用还原论方法处理，常常成为导致管理目标难以实现甚至灾难性后果的重要因素。《灰度决策》的观点和方法是集经验、知识、智慧和道德之大成解决复杂性问题的一个新视角。作者认为，管理者在处理复杂问题时，既面临才能的挑战，也面临人性的挑战；所做的工作不仅要对组织机构，而且要对其他人和整个社会负责。

郭宝柱

中国航天卫星工程总设计师

很多年前，我曾经拜读过巴达拉克教授的《沉静领导》，获益匪浅。这本新著聚焦于"灰度领域"决策问题的研究，作者的许多观点与任正非先生首创的"灰度管理"理论与实践有相同之处，读后深受启发，此书值得一读。

吴春波

中国人民大学教授、华为常年管理顾问

管理的全部意义在于做出艰难的决策，最重要的决定都十分不易。本书为所有负责做出艰难决策的人提供了行动框架。

史蒂夫·伯克

NBC 环球集团 CEO

这本精彩的作品是一个思考科学的研究生课程，它严谨缜密又饶有趣味。

克莱顿·克里斯坦森

哈佛商学院教授，《创新者的窘境》作者

巴达拉克抓住了领导力的核心——从心出发。它富有洞察力而又坦率地告诉我们，我们要基于事实和分析来进行管理，但要基于尊重和人性来解决问题。任何人都可以从这些关键问题和实用工具中有所收获。

杰米·戴蒙

摩根大通 CEO

每个领导者都面临着灰度决策，非黑即白的领域少之又少。巴达拉克在书中列举了各种各样的示例，从我们日常工作和生活中的两难，到对古老哲学的洞察，以提供一个深刻而实用的指导来解决灰度领域的难题。这本书有趣、实用，令人叹服。

吉尔·麦戈文

美国红十字会主席

定义和判断一位领导者，主要取决于他们针对棘手问题的决策和行动。本书提供了一套实用、细致而全面的框架来应对工作和生活中棘手的问题。

凯文·沙拉尔

安进公司前总裁兼 CEO，哈佛商学院高级讲师

本书在错综复杂的管理困境中开辟出一条真实而可行的路径。巴达拉克教授用友好而充满智慧的笔触，不仅告诉管理者如何思考那些最令他们困扰的问题，而且告诉他们该如何解决。

德博拉·斯帕

哥伦比亚大学巴纳德学院院长

每当陷入困境，我都会重温创始人松下幸之助的精神。他高度强调"真空心态"的重要性，他的观点与巴达拉克在此书中的观点高度一致。所有的商业领导者，不管他们要解决的问题是什么，本书都会激发他们的灵感。

津贺一宏

松下公司总裁

本书帮助管理者判断何为"正确"，尤其当正确的事情并非显而易见时。你不仅需要好好阅读本书，更应该深刻地体会其中的道理。

克拉克·华纳

IBM Netezza 产品经理、项目负责人

人之于灰度决策

　　我与小约瑟夫 L.巴达拉克教授神交已久。7 年前，我阅读了他的著作《领导者性格》，就被其才思敏捷、博闻强识所吸引，这本书由经典关照人性，从危局透视人生。7 年后，我通过机械工业出版社的编辑结识本书——《灰度决策》，自认为，这是杨斌教授翻译的《沉静领导》的姊妹篇，甚是荣幸。下面既是在译著之余的心得体悟，也可作为一种导读。

　　先破个题，何为"灰度"，需要界定一下。

　　先来看看任正非先生是如何看待"灰度"的？一个领导人重要的素质是方向和节奏。他的水平就是合适的灰度。坚定不移的正确方向来自灰度、妥协与宽容。一个清晰的方向往往产生于混沌，自灰度中脱颖而出，随时间与空间而变，它常常又会变得不清晰，并不是非白即黑、非此即彼。合理地掌握合适的灰度，是使各种影响发展的要素在一段时间和谐，这种和谐的过程叫妥协，这种和谐的结果叫灰度。

　　灰度的大众普及缘于任正非先生，而学术界也有一股清流——

灰色系统理论，由邓聚龙教授开创，南航发扬光大了这门极具中国特色的管理科学学派。它从定量的角度，将灰度这种贫信息、少子样的事件进行量化评估，以便科学决策。

在本书译著的过程中，我体会到，灰度决策是一种基于个体与组织实际，从人性出发，将现实与人文相结合的思考方式，是管理者通过深刻而全面的思考，置身于合理的道德情境，采取协同策略，聚焦过程，尝试感同身受，最终直觉决断的解决路径。此书开宗明义，开篇就提出五大问题的灰度决策模式。我们就从以下四个方面来阐述一番，为大家飨读所用。

人文的本真

本书返璞归真，从人文主义的角度，一开始就追问本源的问题，并试着弄清楚生命的根本所在。生命中最重要的是什么？什么能激发人？世界究竟如何运行？作为管理者，要从人文的角度阐释工作哲学。当你处理棘手的灰度问题时，这些根本所在就变成了关键，而你必须作为一个"人"去解决这些问题。这也与物理学中"第一原理"（First Principle）的思考方式相一致，即一层层剥开事物的表象，看到里面的本质，再从本质一层层往表面走。

灰度决策介于黑与白之间，不必是场零和博弈，无须拼出个你输我赢。决策者真正应该关注的不是"干掉"多少个"假想敌""拖油瓶"，而是培育了多少个"伙伴""追随者"。如果利益相关者各自觉得对方具有不可多得的优势、魅力（虽然在当下无法发挥或比较优势不在此处），都能出于最根本的善念去处理复杂情境，那么发生破坏性冲突的概率就会大大降低。从这一点来看，灰度决策往往比非黑即白的决定更有效。

人生的故事

人生有解不完的复杂难题，人类永远需要故事。从古至今，故事虽有不同，但隐藏在背后的本质道理、人生抉择都是一样的。现在都在讲"重塑""进化""激活"，我认为"激活"就是要激活"人"的故事性思维，从一点点端倪、一些小概率事件中"管中窥豹"，这有别于当下所谓的大数据思维，也是人不同于机器人之处。

我们不得不承认人的多样性，人的命运变化无常，我们理应感到一种幸运。比自己优秀的人经过无数的打拼，没有被甄选出来。还有不少人，走了曲曲折折的人生道路，好不容易拼出一番天地，又锒铛入狱。对于这些故事，阅历有了，我们便对人生有了些理解，对别人也会升起同理心、同情心。从有限的物质世界到无尽的精神领域，人生也就有了无限感慨。对管理者而言，假如不是个人品行、思维方式的问题，而是缘于人生际遇，不要轻言放弃，在逆境时也应旷达，应将难题视作提升人生境界的机会。

斯塔兹·特克尔（Studs Terkel）曾经提出，工作既是为了维持人们的生计，又是为了实现人生的意义；既是为了赚取工资薪金，又是为了得到赞誉和认同。简言之，它是人们生活的一种方式，而不是一种渐渐死去的方式。人们有权利要求和期望我们的日常工作中包含着人生的意义、认同和奇迹等。

巴达拉克教授旁征博引，引经据典，从宗教哲学到文学经典，从远古部落到名人轶事再到普通人的身边事。有争议才会有故事，故事给我们展现真实的场景，人们可以从故事中的不确定性探索所有的可能性。没有唯一正确的答案是故事的魅力所在，从中也孕育一种非线性的故事性思维。摒弃冷冰冰的工具思维，拥有故事思维才算是一个管理者应有之义。

人格的魅力

如何对待冲突更易体现出一个人的人格魅力。每逢变革就出现不少冲突。有智慧的管理者都会谨慎观察、对待，并不急于进行大刀阔斧的改革。他们能分辨出热情支持者和隐藏于背后的沉默反对者。他们做事坚持原则，具备一种复杂的、变化而又微妙的道德准则，必要时也会做出适当的妥协。变革之后，他们依然成功地保持真实的自我，同时又做到了环境要求他们做到的必要改变和适应。

对于处理复杂而又涉及个人隐私或难言之隐的情境而言，保持和善而坚定，依然可以达到目标，在实现目标的过程中，并没有那么生硬，反而更好地体现了管理者的领导力技巧和其人格的细微之处。此书所描述的不少案例揭示了卓越的人格魅力是没有范式可循的。其实也没有那么复杂，借用德胜洋楼聂圣哲的话，"是否在意别人的存在"是人与人相处最本质的问题。如果管理者在意一个员工，内心当中是平等的，就会在意员工的人权，在意他的幸福，也就在意他所有的尊严。同理，正如黑格尔所说，视自己为人，并尊重他人为人。这本书中，不乏其例。

人性的复归

人性在艰难的时候，才会体验得淋漓尽致。实践中，大部分问题存在于灰色地带中。灰度问题之所以难办，就在于它深刻考验着你的人性，即秉性、习性、天性。作为一个人，如何去习性、化秉性、复天性是终生的课题，王阳明先生说的"吾性具足"也就是这个意味了。

在某种程度上，人生来本无善恶，唯有趋利避害，后天环境优越并加以教化，就会更多地利他以求利己；若是没有好的成长环境，则会过分自私，惹人嫌恶。回到本书中，管理者在做决策时，会有立场、圈层、站位之分，会升起对同事、下属的恻隐之心，也会面对来自上级、周遭的舆情压力。这些共同筑成了复杂模糊、棘手易变、充满不确定性的"灰度问题"。与其说管理者担心的是不确定性，更确切地讲应该是焦虑未来可能蒙受的"损失"。若是一切都会越来越好，也就没什么可担心的了。面临损失时，他们会心疼不已、宁愿一赌；面对有利时，则瞻前顾后、厌恶风险。不难看出，人们更容易低估消极事件的可能性，低估灰度问题起初没有解决好遗留发酵后的可怕后果。对人性的洞察，有助于处理繁杂的人际关系。若是管理者，更要具备这个能力，也就是善于激发自己和他人人性光辉的一面，让人性的迷失能够复归。

这里额外"馈赠"一个巴达拉克教授的写作技巧——重复、呼应，即做到章节间递进式重复与故事的前后呼应。重复，就是在每章结尾对前几章的强调与回顾，讲述本章所述问题与前几章问题之间的关系。呼应，即在不经意间将之前的故事再拿出来从不同维度演绎一番，同样的角色，同样的事件，因思考路径不同带来了处理方式乃至结果的不同。我们这里就现学现用，小结一下上文：本书追根溯源、返璞归真，以五大人文主义问题串起整个脉络，将读者放置在不同的人生境遇与故事当中，来感受管理者在面对灰度问题时的情绪感受与思考路径，棘手难题的最终解决、利益相关方的关系处置都无不体现了决策者的人格魅力与人性复归。

常言道，翻译是第二次创作。我想说，翻译也是学会参透作者思维的过程。爱因斯坦曾提及，问题不可能由导致这种问题的思维方式来解决。思维方式是决定成败的关键。以下则是几种与时俱进的思维方式，抑或是工具方法。

时间是一剂解药。这里面又存在对"时间"的理解。"眼见他起高楼，眼见他宴宾客，眼见他楼塌了"，这三个"眼见"是对时间的一种诠释，也可以让你从成功到不成功，从风光无限到形单影只。你就是一个"人"，无非现在掌握着一些资源，不可妄自尊大，也不可妄自菲薄，应坦然处之、安之若素。往小了讲，时机是时间中的一刹那，看准时机，做好预判，就可以为随后艰苦卓绝的谈判或是身陷囹圄的困境挣得一丝成功的机会。

互联网是个拉平等级、拉近距离的工具。那么，互联网思维为何物？即六个字，可传输、标准化。这里的"人性"还未进行开发，也就是没有形成"可传输、标准化"，仍需要处理属于中间地带的问题。商业世界中解决的主要问题是效率，互联网缩短了人类的时间维度，拓展了空间维度，同时也有助于灰度决策的效能提升，但不能代替人的全部。

最后一点，要有多向、交叉、非线性的故事思维。要用这样的思维方式来考虑灰度问题的风险。面临窘境或两难境地，细到一个问题的表达方式都可能会导致事情结果大不相同，对经历此事的相关者将产生深刻影响。

人之于灰度决策的状态，犹如沙粒落于尘埃、车轨陷于淤泥一般，无时无刻、无休无止、无边无沿。可能暂时有一丝的干净利落，但很快又会陷入其中。这是一种管理感受，也是一种浑然一体的现实状态。

行文至此，你可能会慨叹：在面临灰度问题做出"直觉"决策的一刹那前，还需要做这么多准备。对于第一次接触的读者而言，虽略显繁复，但这就是那个"根本"，我们理应纠正思维、投入精力、长期训练，终究会受益匪浅。

是为序。

唐伟　于玉渊潭岸

2017 年 10 月 19 日

目　录
Managing in the Gray

说最好的选择。

第3章　我们的核心义务是什么　/ 43

　　　　将关注点聚焦在一个简单、重要的人文主题：你的人性基本义务要求你做什么以及不做什么。这会让你远离冷漠、自私，而变得智慧、富有同情心。

第6章　我能接受什么　/ 119

不论做出何种决定，你都需要在法律、组织、经济和其他方面对其负责。

第1章

用于判断的实用工具

灰度问题是管理者在工作中面临的最难问题。实际上,灰度问题也是我们生活中面临的最难解决的问题。当你不得不处理一个极度不确定,又利益攸关的问题时,你就会面临一种挑战。这种挑战不仅会直击你的专业能力,还会考验你的人性。

这本书为解决灰度问题提供了有力而实用的解决方法。这种方法基于并不常见,甚至有些激进的指导理念,而这样的指导理念并不来自于成功或者有名的总裁,也不能在满足股东或者所有利益相关者利益的传统智慧中获得,更不会在今天各个组织越来越长的任务说明里出现。我相信,能够解决这种高难度、极其复杂又充满不确定性因素的实际问题,最好的方法就是回答五大问题。这些问题是几个世纪以来,身处不同文化的人们面临灰度领域时不得不面对的质疑。处理灰度问题需要你拥有出色的判断力，而这五大问题实际上是有助于你判断的极其重要的工具。

本书解释了为什么这些问题对于解决灰度问题如此重要，同时又给出大量可行性建议来回答这些问题，并通过各种有关灰度问题的案例分析来解释这些建议。但是，在开始说明这五大问题之前，我们先要理解什么是灰度，以及是什么使其变得如此重要而并富有挑战性。

灰度领域的挑战

你在生活和工作中背负的责任越大，可能面临的灰度问题就越多。这些问题各式各样、纷繁复杂。比如，有些问题大而复杂，却并不常见。接下来在这本书中，我们会详细介绍一个小型生物科技公司的总裁所面临的情况。该公司发现一种新型药物可能和一种非常罕见且能致死的脑部疾病有关，人们非常需要这种药物。虽然这位总裁没有有关药物致病的决定性证据，甚至不清楚该问题的明确定义，但他仍必须决定怎样解决这件事。

相比之下，其他的灰度问题可能规模很小，但是这并不意味着这些问题很容易解决，或者并不重要。在后面的一章里，我们会讲到一位在中型企业工作的高级管理者所遇到的问题。她和三位管理者共用一个助理。这个助理已经在公司工作了 30 多年，成绩很好，但是最近几个月她的工作能力逐渐下滑，没有人知道原因。其他几位管理者想要辞退她，但是这个高级管理者担心严格的人事标准（人力资源部将会提前两周通知该助理，并只给她数额较小的遣散金）会对她产生难以恢复的伤害。但是这些担忧并没有告诉该管理者应该怎样解决这个问题，因为这个助理确实不能完成工作，同时她还将与其他管理者意见相悖。

不论大小，所有灰度领域的共同特点是我们该如何处理它。当面对灰度问题时，你通常已经为了理解该问题或了解当时情况，独自或更多的是和别人共同做了很多工作。你已经收集了所有可能得到的数据、信息和专家建议。你也仔细地分析了所有资料。但是关键事实仍未浮出水面，而你所熟知和信任的人也并不同意你接下来的做法。于是你就会在心中反反复复地想之后究竟会发生什么，接下来做什么才是正确的。

这些情况将会成为危险的陷阱——就像石油坑吞掉了满口獠牙令人生惧的老虎。你很容易在试着摸清究竟会发生什么的时候，陷入灰度的泥潭。更糟糕的是，你可能会迷失于这种复杂而不确定的情况中，或被其所麻痹。从另一方面来讲，如果你反应太快，就会犯错并导致严重的后果：其他人可能因此受伤，你的表现会失常而可能导致事业之路停滞不前。

　　受先进分析技术的诱惑，今天的灰度领域尤为危险。目前管理者和公司所面临的大多数困难问题，都需要先进的技术分析处理大量的信息。人们倾向于认为，如果你有正确的信息并运用了正确的分析方法，你就会做出正确的决定。人们还倾向于逃避去做艰难的决定，或者假借权力的威力告诉其他人这些数字就是整个事实的经过，我们无从选择。但是严重的问题通常都是灰色的。对于这些问题本身来说，工具和技术并不会给你答案。你必须依靠自己的判断，做出艰难的决定。

　　这些决定通常伴随着严重的情感和心理问题危机。当面临真正困难的抉择时，你就无法逃避选择、承诺、执行并承担后果的责任。一位工商管理硕士非常有远见卓识，他是这样描述这种挑战的："我不想成为自诩高尚的商人，我希望成为自称为生意人中高尚的人。"

　　从另一方面来看，当你面对这些挑战并成功地解决了一个灰度问题时，你对你所在的组织会有非常大的贡献，你的事业和你的自我满足感都会有所提高。这些困难、毫无头绪又充满风险问题的解决方案随之被上交到组织或管理者的手里。让我们回想一下之前提到过的那位助理的例子。你扪心自问会怎么做？你的助理几个月来的表现一直很糟糕，你不知道原因，可能她自己也不知道。所有的法律、规定和公司政策已经告诉你应该如何处理这件事了，但是你仍旧面临着很艰难的选择。

你会在公司内部给她另谋职位还是直接解雇她？你又以何由解雇她，给她多少遣散金呢？当你剥夺她谋生的手段时，你是否能对她报以尊重和怜悯之心？这些都是很难解决的管理问题，但是无论如何你都要解答这些难题。在这些决策背后，你需要根据社会的需要慎重做出抉择：根据雇员的年龄和日益糟糕的表现，你可能会决定结束其职业生涯。总之，当你很好地解决了这样一个灰度问题时，你也背负着很大的压力。这种压力不只来自你的组织，也来自周围其他人和你所生活的社会。

与此同时，当你成功解决了一个灰度问题时，你的管理技能也得到了历练和提升。测试你是否能在组织中承担更多责任并不是看你如何处理常规事务，而是看你如何面对非常困难、充满不确定又很重要的挑战。这是因为灰度问题是管理者工作的核心。当你遇到这些挑战的时候，你会增长阅历增强自信，你处理这件事的方法还可能成为组织内部不成文的规则，这件事还能决定你是否可以得到晋升。好的老板赏识那些能够很好地处理棘手的灰度问题的员工。所以，当你遇到这些挑战的时候，你自己也能成为一位很好的老板，给你的员工树立榜样。

灰度问题对于各类组织结构来说是如戈尔迪之结（Gordian

knot）一般难以解决的棘手难题。那是因为处理灰度问题要面临重要、复杂又充满不确定的因素。同理，灰度问题对于管理者来说也是最难处理却不得不面对的工作，也像是一种沉重的负担。与此同时，像戈尔迪之结一样，这些挑战能够向你自己和其他人展示你所具备的能力。在神话中，亚历山大大帝被戈尔迪之结所困扰，于是他拔剑直接砍掉了那个结。但是作为管理者，你没有这样的选择。那么，怎样才是解决灰度问题最好的办法呢？

思考路径：五大问题

解决问题的答案，用一句话描述就是：**当你在工作中面对灰度问题时，你应该像个管理者一样处理工作，像个"人"一样解决问题。**

像个管理者一样处理灰度问题并不意味着要做得像个老板或者上级。灰度问题也不是组织工作中一项特别的任务。不论在组织内外，管理就是以非常有效率的方式将事情做好。管理的核心，简单来说，就是授权他人或与他人一同工作。作为管理者，解决灰度问题的主要方法就是和别人一起工作，获得该问题的正确信息，充分思考，谨慎分析数据，然后寻找实际方法来解决问题。

在灰度领域中，这些只是第一步，还远远不够。信息、分析和讨论并不能解决问题。你仍旧不知道应该做什么。所以这时候，你就应该采取第二步：你必须像个"人"一样解决问题。就是说，你在处理问题的时候不要只做分析师、管理者或者领导者，而是作为人如何处理这个问题。你要根据自己的判断做决定，即结合你的智慧、体会、想象、生活阅历或者更深层次的感觉，你觉得是什么真的影响了工作和生活。

第二步可能听起来简单，但是事实上并非如此。我们总是听到人说，当我们面临困难的抉择时，我们要遵循道德准则，效仿榜样，跟随组织宗旨的导向；或者要做那些通过"新闻报纸检测过"的事，然后问自己，如果看到自己的行为被报道在新闻上是否会感到舒服；或者就是去做正确的事。但是对待灰度问题并没有快速的解决方案。如果有的话，我们早就把它们放到钱包的夹层里了。

计算方法并不能解决人生活和工作中的困难和挑战。面对这些问题，管理者必须尽自己所能从信息、数据、经历和缜密测算中学习。然后，他们要深刻地思考，作为一个人究竟该怎么做。作为人来解决灰度挑战时，你要问自己正确的问题并努力想出自己的答案。这些问题是进行思考和判断不可缺少的工具。问题一共有五个，本书会对其进行进一步解释。

为什么这些问题会对我们有帮助,是什么使其如此重要呢?实际上,几个世纪以来,在不同文化里,当善于思考的人在处理困难、复杂又不确定的问题时,他们都会依赖这些问题。这些问题明确而真实地反映了人类的天性、人类的普通生活以及构成较高生活品质的因素。充分理解并结合运用这些问题,会对你处理灰度问题有所指导。

你可能会质疑,仅仅依靠几个问题是否能够一针见血地抓住困难的本质。为什么会这样呢?这个问题并没有明确的答案,但是当你读到接下来的几个章节时,你就会找到看似可信或仍充满争议的解释。这里主要说的是两件事:其一是由于达尔文的进化论或神创论的影响,人类拥有相同的天性;其二是人类社会总会妥协于一些基本的问题。比如,责任、权力、共同利益以及决策,而这些问题又有着相同的基本解决方法。

这五大问题很难用直接简单的表达来说明。过去20年来,我一直努力尝试为管理者创造出实用有效的工具,帮助他们解决关于领导和责任的难题。本书中的五大问题已经经过无数高管、工商管理课程、研究访谈以及各类管理者的商谈咨询反复精炼和测试,并且我为此做了很多阅读和调研。本着美国著名实用主义心理学家威廉·詹姆斯的核心精神,我试着在本书中提供实用的日常工具。

这五大问题是：

"净"结果是什么？

我们的核心义务是什么？

当今世界什么奏效？

我们是谁？

我能接受什么？

我们很容易怀疑这五大问题为什么这么重要。答案是：因为它们经过了严格的测试。几个世纪以来，不论是严苛还是慈悲的人都在寻找能解决这些难题的方法。你将会看到这五大问题以不同的姿态出现。从亚里士多德到尼采等哲学家，从马基雅维利到杰弗逊等政治家，以及诗人甚至是艺术家都曾思考过这样的问题。

显然，这个测试并没有质疑是否有一个统一答案，能让历史上所有伟大的思想家都欣然接受。但是我可以略显荒谬地断言，他们想问的一定是当这些有力量的、思维透彻又富有同情心的伟人们思考什么是好的决定、好的生活时，是否往往会有一些解决问题的方法浮出水面。如果这些解决问题的方法通过了历史和文化的检验，那么它们才是对这个时代有价值的，才值得我们注意。

实际上，这五大问题是在讨论世界究竟如何运行，是什么让我们成为真正的人，以及在做困难而重要的决定时最妥善的方法等话题的长篇对话中强有力的声音。在这长篇对话中没有一个声音能给我们普遍适用的真理，但是每一个都给了我们有价值的提示，指导我们如何做充满不确定性又利益攸关的决定。这就是为什么这些问题在你面对灰度挑战时，能成为测试、扩展并锐化你的判断力的有力工具。

它们是什么样的工具呢？哲学家、律师、神学家以及政治理论家能挥舞着充满智慧、才华的手术刀，将每个问题都削出最完美的边缘。但是管理者则需要点不同的东西：他们需要完善、牢固且每天都能用到的工具，就像工具箱或者橱柜里的那些工具。这种工具的对比可能看起来像过时的比喻，但是这确实反映了哈佛商学院一种长期的思想传统。这种思想持续了一个多世纪，旨在为管理者创造出重要而实用的理念。哈佛商学院思想先驱之一——弗理兹·韩德胜相信，对于管理者来说，最有用的理论"不是哲学理论，也不是主观想象出来的东西，更不是宗教教义一样的东西，它像是平常人走路那样简单常见的事物。或者说，是一根能帮助行人走好路的拐棍。"[1]

本书余下的内容将会讲述有关五大问题最切实的实际问题。每一章都会聚焦一大问题，并在开头解释为什么真正理解灰度问题中的人文因素如此重要。剩下的内容则是分别用每个问题，对当你面对灰度问题时的实际指导进行解释说明，这些指导根植于我们作为人类长期存在、广泛分享的观念。

工作哲学

这五大问题单独运用时是很有效的判断工具，然而放到一起使用时效果更好。它们为我们提供了一种很重要的管理哲学，用来理解究竟什么才是管理者应该做的，为什么这些事如此重要。这种理念并不包括抽象概念、约束原则或者多用途的范本，而是一种工作哲学，即一种气质、一种态度、一种内心思考的习惯、一个行为的向导。

根据该哲学，管理工作的核心是用实际方法解决困难问题。同时，如今你如果想成为一名成功的管理者，就必须尽力解决各种复杂的情况，从大量信息中得出正确的结论，并使用精良的分析工具。但是因为灰度挑战是管理工作的核心，所以这些分析技巧还远远不够，你还需要有一种人文观点。

"人文"听起来像是来自传统学院课程的目录，但是想想其背后的意义，实际上它与解决工作和生活中要做的困难决策有直接联系。人文主义有着悠久的历史传统，其起源可以追溯至古代作家，接着在文艺复兴时期，人文主义成了文化和政治强有力的

工具。[⊖]

　　人文主义者阐释了一些本源问题，并试着弄清楚生命的根本所在。生命中最重要的是什么？什么能够激发人？世界究竟如何运行？但作为管理者，当你处理灰度问题时，这些根本所在就变成了核心问题，而你必须从人文主义角度去解决这些问题。

　　管理中的人文主义哲学并没有试图将解决困难问题这一复杂混乱的挑战硬塞到最终具有决定性的分析架构中去。它要求你必须从各种不同观点出发来检验问题。

　　你必须依靠自己的判断，因为你的判断反映了你的想法、感觉、直觉、经验、希望和担忧。最后，人文主义还阐释了，应对灰度问题正确的办法在于你的决定是正确的——但是这样的解决办法要充分从分析角度和人文角度考虑才能获得。这种思考方式很难简单地提炼成几个字或者几句话来概括，但是我相信它是一种隐性的世界观，所有有责任心的成功人士都在寻找方法来指导我们解决灰度问题。

　　⊖　附录 A 从历史和哲学角度给出了本书中所运用到的人文主义概览。

第 2 章

"净"结果是什么

美国海军陆战队在训练年轻军官的时候会告诉他们："无线电就是你的武器。"换句话说，他们不用带着步枪、手枪或者刺刀亲自上阵，无线电就是他们的武器。这是因为，作为军官，他们的作战方式就是领导别人。[1]同样的情况也适用于一名管理者。你的组织，不论是小组、部门还是整个组织，会放大你的决定对它的影响。这就是为什么第一大问题就是要你认真思考，当你遇到灰度挑战时，你所做的事情导致的"净"结果。这听起来像是常识。显然，你应该思考你的决策会导致的结果，每个人都一样。但是这种反应可能有极大的误导性，即使很有经验、很成功的管理者也难逃陷阱。让我们看看 1996 年年末发生的一系列引人注意的事件。1996 年年末发生了一件不可思议的事：一位美国主管成了民族英雄。

这位主管叫艾伦·福伊尔施泰因。他的公司名为莫登纺织厂，该公司生产和出售纺织品，最有名的产品是合成毛织物。1996年12月，当福伊尔施泰因和家人们庆祝他70岁生日时，他接到了一通紧急电话。莫登纺织厂的主要厂房起火了。他立刻驾车前往位于波士顿北部的公司。在离工厂很远的地方他就已经看到了火光。当他到达工厂的时候，熊熊大火让他想起第二次世界大战时德勒斯登大轰炸的场面。[2]

因为这场大火，福伊尔施泰因陷入了巨大的灰色地带决策之中。他不知道自己能得到多少保险赔偿金，他也不知道在重建工厂的过程中会白白送给对手多少生意。由于大多数美国工厂都搬到了有廉价劳动力的亚洲国家，他甚至不知道在新英格兰地区重建纺织工厂——莫登纺织厂是否还能生存下来。福伊尔施泰因不知道自己是否还能领导公司进入下一阶段。

尽管有这么多不确定因素，福伊尔施泰因仍旧立即决定重建整个纺织厂。新的工厂将投入最先进的工艺，并雇用原来的工人。重建费用估计将超过4亿美元。保险赔偿为3亿美元，剩下的部分向银行贷款。福伊尔施泰因还宣布在重建期间他将继续给员工薪水，即使他们并不需要上班工作。正是这些决策，使福伊尔施泰因一跃在全美国名声大噪。

当时美国的许多工作岗位都被外包出去了，对于美国工人和他们所居住的贫困社区来说，福伊尔施泰因做出了一个强有力的承诺。他受到了广泛的媒体关注，被授予了很多荣誉称号，并在1997 年克林顿总统的国情咨文中受邀为嘉宾出席。然而几年后，莫登纺织厂申请破产。新的厂主和管理者接管了生意，但是于事无补。

这其中暗含着悲哀，甚至几乎是悲剧的讽刺。如果你见到艾伦·福伊尔施泰因，你可能像大多数人一样，认为他慷慨、热心又诚实。尽管他很富有且年龄很大，但他依旧生活朴素、努力工作。一个记者问福伊尔施泰因是不是想要挣更多的钱，他回答："我要那么多钱做什么？吃得更多吗？"[3] 在那场大火后，福伊尔施泰因由衷地想做出对他的员工和他们的社区以及他的公司最有利的决定。换句话说，他认为重建工厂就是最正确的决定。不料，莫登纺织厂反而破产了。福伊尔施泰因的无私和奉献没有行得通。现在来看，原因在于他没能充分利用第一大重要的以人为本的问题。

"净"结果是什么？这个问题要求你深刻全面地思考你的选择可能带来的所有结果。那么这个问题要求艾伦·福伊尔施泰因思考些什么？为什么这个问题如此重要？当你遇到灰度问题的挑战时，你怎么将这个问题作为判断的工具呢？

深刻而全面地思考

为了理解第一大问题为什么如此重要，它究竟问的是什么，我们将会简单介绍两个重要的哲学家和社会改革家。我们会尤其说明其中一个人糟糕的生活经历，因为这塑造了他的思想。第一个哲学家是杰里米·边沁，他于 1748 ～ 1832 年在英格兰生活。即使你没有认出这个名字，你也会熟悉他的中心思想。边沁认为，正确的解决困难的办法是尽量全面地思考，然后想："什么能够促使最多的人感受到最大的幸福。"也就是说，在做重要决定之前，你要先看看这件事对每个人的结果，比如说是否大家都会感到幸福。

但是什么是幸福呢？对于边沁来说，答案很简单：幸福就是快乐。换句话说，作为一个有责任心的人，在做正确的决定时，你所需要做的就是透彻客观地思考：怎样做才能得到最大的快乐，最少的伤痛。因为解决办法没有公式模板，所以你必须自己进行判断。但是你的根本目的是明确的，你必须全面地思考。你需要关注其法律和经济结果，也需要看到这之外的后果。你需要看到该决策对你组织内部人员的影响，也要看到对除他们以外其他人的影响。最重要的是你的决定对所有人可能产生的所有结果，请注意是**所有人**。

现在，我们都是杰里米·边沁的信徒。我们在考虑问题的时候，不管是每天的小事还是政府政策这样的大事，都会从成本与效益或者成本与风险的角度出发。这意味着我们要看到所有的选择，评估其所有可能的结果，然后试着找出对所有人都是最好的选择。这样做决定既负责又行之有效，但是边沁的想法有一个很大的缺陷。他要求我们全面思考，却没有让我们深刻思考。

约翰·斯图尔特·穆勒可能是 19 世纪英语世界里最重要的哲学家，他并没有坐在椅子上思考，而是通过自己几乎脱轨的真实生活经历，发现了这一缺陷的严重性。穆勒天资聪颖，他的爸爸很有才华却很专横，他要求穆勒接受自己非常严苛的教育。小穆勒不能和其他孩子在一起，他从 3 岁就开始学习希腊语，8 岁学习拉丁语，12 岁开始学习亚里士多德的思想。这种激进的教育方式一直持续到他 20 岁，之后他遭受了严重的精神崩溃。现在我们可以判断出穆勒遭受的崩溃可能是一种急性抑郁症。所以同样得抑郁症的人就能理解，为什么穆勒选择《沮丧》（*Dejection*）中的这样几句诗来描述他的不幸：

> 没有剧痛的哀伤，是空虚、幽暗而沉闷的，
>
> 这种窒息、呆滞又不具激动的哀伤，
>
> 既找不到自然的宣泄途径，也无从得到慰藉，

不管在言辞、叹息抑或是眼泪中。[4]

后来，穆勒将自己的崩溃归咎于他父亲这种激进、狭隘、高强度的教育方式。

穆勒对其生活经历的反应令人意想不到。这种令人饱受折磨的教育方式和情绪崩溃可能会压垮很多人，但是穆勒坚持了下来并改写了自己的人生。他没有接受父亲的规划去牛津或者剑桥大学。他极大地扩展了自己的阅读和思考，并献身于浪漫主义诗歌，最终在英国东印度公司做了几十年职员。穆勒还从各种不同主题写书和文章，他成了英国19世纪最重要的哲学界知识分子。

为什么穆勒的人生轨迹对我们如此重要？从本质来看，是因为他接受了边沁对待困难问题时要全面思考的思想，但是没有像边沁一样只关注幸福感。穆勒痛苦的生活经历教导他，如果我们想要做正确的选择并过上好生活，就必须全面而**深刻地**思考。穆勒同意边沁的理论，就是正确的决定要把所有人的利益都考虑在内。你应该尽可能的客观，把自己的个人利益放到一边。你应该认真思考努力分析，尽可能细致地将你决定可能导致的所有结果考虑在内。

但是穆勒在边沁的理论中加入了一个重要的人文主义见解：要仔细、小心，不要把事情过度简化，不要成为还原主义者。生活是一张丰富的画布,而不是卡通画,人类所体验的远远不只是快乐和痛苦。考虑到决定能带来的所有结果意味着要进行深刻的思考——试着从所有能影响我们作为人的感受来理解结果:希望、快乐、安全、免于危险、健康、友谊和爱、危机、苦痛和梦想。

深刻思考并不容易。这需要花时间,用想象、慈悲心和怜悯心来完成。但是深刻思考又非常现实,且极其重要。对于穆勒来说,这是最好的生活方式,也是做决定时最正确的选择。用穆勒的话来说:"宁可做一个悲伤的人,也不要做一个快乐的无知者。"[5]

实际上,穆勒是在告诉我们:如果你要做困难的决定,不要犯边沁的错误。不要将事情过度简单化。不要只关注你能够计算或者衡量的事情。

当然,你应该仔细思考并进行充分分析。如果你是管理者的话,你应该得到最充分的数据,运用相关的技术和理论框架,咨询合适的专家,并解决在会议中甚至在饮水机旁出现的困难问题。但是当你最终不得不做出决定时,你也要确保你已经对你的选择可能出现的结果进行了具体的、充分想象过的、丰富的且充满同情心的思考。并且,正如你所思考的那样,你要考虑到所有伙伴需要的、想要的、害怕的和真正关心的。从本质上来看,这就是第一大重要的以人为本的问题要我们做的事。

穆勒的思想在我们处理问题时应该占多大分量呢？他的想法看起来很完美——至少第一眼看来是这样的，但是穆勒有着异于常人的童年和非常痛苦的青年时期。他可能是将这些思想作为他的救生工具，可是这就意味着我们其他人也要和他一样吗？答案是：是的。至于原因，我们就不得不先忘记这是穆勒的观念，然后再看待问题。

基本上，穆勒做了所有伟大的哲学家所做的事。他用清楚简单的语言提炼并表达出一系列重要思想，这些思想为许多重要的哲学家、宗教人士和政治家在思考、反思和判断时提供了光明的方向。换言之，这些穆勒冰封了几个世纪的观点和见解，成了激励和塑造个人以及社会的重要力量。

例如，在中国大约公元前 400 年，有一位重要的东方哲学家——墨子，他与孔子齐名，处于同时代。他提出的观点可能与穆勒的相同："今天下之士君子，忠实欲天下之富，而恶其贫。"[6]墨子推崇他所谓的"兼爱"。他说，君子和好的统治者在做每个决定时，或者说其一生都要关怀其所在群体的所有人，而不是只关注他们自己、家人或者政治同盟。[7]

在随后的几千年里，这个观点的力量并没有被夸大其词。人们一次又一次提及墨子的思想，并将其运用到各种不同的情形中。同时，其他像公平、公正之类的核心思想也被再次重申。比如，考虑每个人可能面临的结果是民主社会的基本理念。你会发现这种理念出现在许多领导者的著名演讲，以及大多数国家的基础文件中。他们反复提及要满足社会或国家中每个人的需要、利益以及愿望。而今天，它又成了全世界无数团体在寻求政府改革或者反抗压迫时强有力的口号。

基本思想，也就是穆勒的思想，是每个人的价值都是相同的。这是因为我们所有人都会遭受痛苦、面对危机、承担重任；我们每个人也都能感受到快乐、愉悦、满足以及自豪感。宗教信徒也得出了相同的结论：每个人都很重要。因为他们将每个人都视为"上帝"的产物。这一宗教观念和进化论的基本理念产生了共鸣。

早在两个世纪前，英国哲学家、历史学家戴维·休谟就对这一观点进行了概述，他注意到："人类内心深处存在着慈爱之心、人类友谊的火花；好的因子和不好的因子一同注入我们生命的框架。"[8] 现代版的这种思想认为，存活下来并最终进化为今天的我们的早期人类也有这种合作的天性。他们合作的方式可能比较简单，比如一起寻找用于储存的食物，寻找住处，照顾孩子还有对抗外来攻击。相比之下，不擅长合作的早期人类就很难生存，因为他们将宝贵的时间和精力都浪费在互相对抗上了。

总之，第一大重要的人文思想问题对于做复杂、利益攸关且高风险的决定具有非常重要的作用，甚至是其一种本能的思考方式。这个问题简明地表述了存在了几个世纪的智慧和指导。它告诉我们，所有在灰度问题上苦苦挣扎的人们都应该全面而深刻地思考自己做出的决定将会给别人带来的所有结果。你要根据自己的选择问自己，你会为别人做些什么或者你要对别人做什么，然后选择能够创造最好的净结果的方案。这样去想、这样去做才是正确的决定，才能创造美好的生活。

实际挑战

只要我们将两个严峻的挑战摆在一起，第一大问题就看似与对灰度挑战进行思考有直接联系了。其中一个挑战存在于外部的现实世界，另一个则存在于我们的大脑中。

现实世界的挑战是我们无法预测未来。我们谁都没有水晶球，所以怎样才能预测到所有可能的结果呢？虽然关于未来的不确定性的讨论已经是老生常谈了，但是因为我们总感觉可以控制自己的命运，所以通常会低估了未来的不确定性。这个挑战是巨大的，即使是非常受人敬仰的专家也不能很好地进行预测，甚至是在他自己的领域。[9] 在许多种情况下，该原因是出于复杂的相互作用。今天的世界就像是一个巨大的弹球机，管理者做出了一个决定就像是发出了一个弹球，然后它开始不可预测地乱弹，触发了其他的链条和事件，接着其中一些事件就会反过来互相影响。结果，我们很难知道弹球会在哪里停下。

并不是只有专家会面临这样的难题。罗伯特·莫顿是一位著名的社会学家，他提出了**莫顿定律**。这是一个令人不安的命题，即不论是做我们每天都要做的小决定，还是有关公共策略的重要决定，那些无意的、次要的结果通常会大于我们想要的结果。[10] 事实上，这可能是导致艾伦·福伊尔施泰因出现问题的原因之一。当他决定重建工厂的时候，他怎么能预测到未来几年会发生什么呢？只关注结果的思想家生活在相对简单的时代。如果墨子踏上时光机，看到了今天我们所处的复杂、不稳定又不完全相互依赖的世界，他可能就不会那么自信自己能预测到有益的结果了。

第二大重要的实际问题存在于我们的大脑中。我们恰好不太擅长理性客观地思考——不仅是对于未知的未来，还包括过去和现在。灰度问题有时会引发强烈的情感，让人很难妥善地思考，不过这只是原因中的冰山一角。真正的问题要更为深刻。[11]

问题在于我们在做决定时心里会有两种基本体系。其中一种和事件最近的进展情况有关。这种分析体系是有意识的、分析性的且理性的，在面对事实、事件构成以及分析方法上都是很客观的。另一种体系则存在于人类的天性中很长时间了。它是凭直觉的一种本性。可能对于我们遥远的祖先来说，这是他们生存的重要因素。当我们做决定时，用的是哪种体系呢？无数个详尽的研究发现，我们潜意识中的本能的决定系统会主导我们头脑中理性的部分。

一个非常显著的例子就是最近有关以色列法官假释案件的研究。调查人员发现，早上法官审判的第一个罪犯有 65% 的概率获得假释，同样午饭后审判的第一个罪犯也有相同的概率获得假释。相比之下，法官在午饭前和在一天结束前审判的罪犯却很少能获得假释。这些法官都是专家，他们经过合法的培训，都是诚实正直的人，也都遵循着清楚的标准，他们知道自己的决定很重要。然而，有些强大的下意识的力量严重影响了他们的审议。[12]

这些下意识的力量是什么呢？不同领域的调查人员（认知神经学、心理学、语言学）正开始着手将它们分门别类。得到答案可能并不简单。现在看来，我们的大脑由大量半独立的模块组成，每一个模块都负责处理不同的任务。有些能帮助我们直立行走，有些能感知危险，有些负责记忆、计划和爱。这些模块看起来同时运作，但常常互不调和。结果，我们的大脑就像是"有着不同竞争派系的嘈杂的议会"。[13]

那些对第一大问题做出解答的伟大思想家，似乎生活在一个问题可预测的世界，有着稳定而理性的头脑。可能如果他们活在今天，看到我们身边纷繁复杂、动荡不安的世界，就会重新思考，甚至放弃他们的想法了。这些挑战对第一种体系来说非常严重。那么我们真的能够运用第一种体系作为判断的工具吗？

实际指导：确保过程正确的五个步骤

答案是肯定的，本章剩下的部分将教给你解决实际挑战的五个步骤，让你能够运用第一种体系提升你对灰度挑战的判断力。

拦下"火车"

第一个有关理解特殊情况下净结果的指导说得很简单：当你必须对灰度问题做出决定时，要避免草下结论，也要避免其他人这样做。不要以为你或者别人可以很快地看到弹球会在哪里停下，知道复杂而不确定的决定导致的所有结果。反而，你要试着将自己最开始关于正确答案的直觉放到一边。

莫登纺织厂的故事展示了"指南"非常重要的原因——问题出现的根源就在于艾伦·福伊尔施泰因没有接受该指南。在那场严重的火灾后，他感觉到了沉重的责任负担。32 名工人受伤，12 名工人重伤，几百个人即将失去赖以生存的收入来源。福伊尔施泰因想要尽可能地帮助他的员工。他对他们有一种深深的急迫的使命感。这就是为什么他立刻决定重建工厂。福伊尔施泰因的直觉思考确实可嘉，不过这种思考也成了一辆失控的火车。

诚然，如果所有有才华、有权力、有财富的人都能对所有生命抱有强烈的责任感——即第一大以人为本的问题的核心观念，那么世界就会变得更加美好。但是这些令人钦佩的个人承诺可能会让他们或者我们误入歧途。我们想要直面挑战，但是我们高估了自己的知识和判断力。当福伊尔施泰因这么做的时候，他将自己、员工和他的公司都置于对危险而充满不确定性的未来的奇思妙想中，而他自己的直觉和思考又充满了人性的弱点。

几年前，调查人员对大量美国人进行了调查，问他们几个重要的人物死后是否会上天堂。特蕾莎修女几乎位于榜首，72%的人希望她得到永生的福祉。但是概率最高的选项是"你自己"，有89%的人选择了这个选项。[14] 最近一个对监狱里囚犯的调查显示，他们认为自己比无罪的人更为友善、慷慨、有自控力和良知。[15] 所有类似的研究都只是有关我们内心深处本能的证据的沧海一粟，我们总是对自己的个人能力、判断力和德行评价过高。

换句话说，我们人类都有一种强烈的自我提升偏好。[16] 这种偏好激励我们的祖先应对困难的挑战，因此可能对我们人类这种物种的生存做出了贡献。但是当问题以及解决问题的选择可能导致的结果变得越来越复杂和充满不确定性时，这种自视过高带来的危机就会急剧扩大。所以，抓住净结果的第一步就是忘记要侦破案件和展示自己的聪明才智这两件事。相反地，作为在严肃的历史、文学和当代社会科学领域中被描述为易犯错的人类中的一员，你应该谨慎而切合实际地看待自己。

聚焦过程

当你面对灰度问题时，你的基本任务是让过程正确。灰度问题很少能够靠个人的直觉解决。正如一位非常成功的 CEO 所提及："过程是解决灰度问题的关键，因为你永远不知道你所做的决定是否正确。你能知道的只有你是否在以正确的方式解决问题。"

什么是过程？基本来讲就是好的管理者花费时间来做的事。简单地说，管理就是授权他人或和他人一同实现目标。为了解决灰度问题，你必须认真地规划你和其他人应该怎么处理难题。在我们寻找方法运用这五大问题作为判断工具的过程中，你将会一遍又一遍地听到这个主题。

这个方法听起来可能很奇怪或者令人失望。毕竟，组织的流程都有令人失望的联想：这种流程就是带着箭头、反馈循环以及没完没了枯燥无味的会议的图表。但是想想参与美国宪法编写的最重要现代学者之一，亚历山大·比克尔所做的精彩演讲。比克尔写道："最崇高的道德往往是过程中的道德。"[17] 这听起来可能像官僚主义职业生涯的座右铭，但事实上这是一个很有深度的见解。因为当你面对灰度问题的时候，你怎样解决问题和你最终做了什么样的决定一样重要。

为什么会这样呢？答案就在我们身边。我们生活在名为组织的奇妙社会产物中。它们有大的也有小的，有公共的也有私人的，有正规的也有不正规的。组织是我们身边支持生命运转的系统。没有它们，我们的家里可能会一团糟，工作将会变得漫长而严苛，生活将变得痛苦而短暂。管理者通过确保过程正确让组织得以运转。管理者和过程使得我们的世界能够正常运作。

我们会忽略这一事实，因为在我们的世界里，领导者受到褒奖，而管理者被视为二等公民。我们经常听到领导者对事情具有前瞻性的演讲，他们用自己的激情和承诺来俘获其他人的心，有时候他们会改变世界。相反，管理者负责按部就班地让列车保持准点运行。传统的智慧认为他们是水管工和机械师。他们开会、制定日程还有做预算。他们是组织中"迟钝的继子"。[18] 今天一个具有统治地位的老生常谈简明地阐述了这番陈词滥调：领导者做正确的事情，管理者用正确的方式做事情。

这番老生常谈实际上有严重的误导性。它忽视了一个事实，历史上伟大的领导者就是有效的管理者。我们记得莫罕达斯·甘地、马丁·路德·金和纳尔逊·曼德拉，他们拥有令人振奋的演讲、自我牺牲精神以及几百万深受其鼓舞的人民。但是关于这些伟大领导者的严谨的传记表明他们理解过程的重要性。在漫长的岁月里，不论是在会议中还是会议后，他们将自己的时间和精力投入到管理运动和组织当中，通过这样做将自己的影响放大到整个世界。

例如，如果马丁·路德·金没有预先花几周时间组织民权运动联盟并领导策划华盛顿游行，我们可能永远也听不到他的演讲"我有一个梦想"。[19] 总之，如果这些伟大的领导者不是高效的管理者，我们今天可能不会知道他们的名字。他们的成功来自于他们获得了正确的过程。用正确的方式做事通常是做正确的事最好的和唯一的方法。

对于面临灰度问题的人来说基本任务是管理。这是致力于过程的工作。这意味着试图把对正确答案的直觉和直观经验放到一边，转而关注怎样和别人一起工作或者通过别人来提出一个答案。

过程确实会减缓事情的进展。但是这是优势，不是劣势。这降低了因为孤立而武断做出决定的风险。时间会让你和其他人思考、聆听、否决和重新思考。异于传统的选择会随之出现，时间还会让最初的有关情感的反应慢慢沉淀。灰度问题需要耐心、细心和勤奋，面对在灰色度领域中要掌握净结果的挑战时，这些因素都是相当重要的。

找对人选

使过程正确的关键在于找到正确的人，他们有正确的经验和专业知识，并能全身心投入其中。这样的人是谁呢？答案当然根据情况变化各不相同。有些灰度问题可以很快做出决定。如果时间紧、风险低，那么正确的过程就可以是与明白事理的同事进行一场直率提出自己见解的对话。如果问题处于另一个极端，也就是像艾伦·福伊尔施泰因面临的灰度领域那样，涉及复杂的策略、组织及人权问题的层面，这些挑战就需要广博的判断力和经验来应对了。

当你处理一个真的非常复杂的灰度问题时，谁是正确的人选呢？显然，你会想要选择你了解并相信的人。你需要诚实、认真负责并对你所面临的问题有相关知识背景的人的意见。同时，当你试图理解复杂情况下的净结果时，你需要那些对事情如何在你的组织、在这个世界中运转"有感觉"的人。

对复杂情况下会发生何事的直觉是一种实用性才能。比如，想象一下一位很有经验的新生儿护士，为了照顾早产儿在特护病房里工作到很晚。她看了一下追踪宝宝们声音信号的监控器，一切看似正常。然后她看了一眼其中一个婴儿，他的肤色看起来有点奇怪。她想，可能只是因为灯光的缘故，但是她觉得有些事情不太对劲。她决定告知其他的工作人员，他们检查了孩子，发现他出现了严重的问题，并最终成功地挽救了孩子的生命。再想象一下，一个很有经验的消防员，他和其他几个消防员一起进了一间着火的屋子。然后他觉得有点不对劲，就告诉他的同伴快点跑出去，最后他们在地板坍塌的前一刻成功地逃了出去。[20]

　　护士和消防员感觉到的事情不止他们看到的那样简单，这种感觉是通过多年的经验积累的，而不是依靠法规或者范本。他们都有相关的知识和技能，但这些是与实际观察能力和调查复杂状况的能力交织在一起的。[21] 即使是技术专家也不能拥有他们的能力，同时他们还用了一种人文手段处理自己的情况：他们依赖的是由广博而接地气的相关知识打磨出来的直觉。这样的直觉帮助他们在其他人还只能看到复杂和不确定性时，直接看到严重的后果。

　　这样的专家实际上就在我们身边，只不过我们通常意识不到，因为这些专家通常没有漂亮的学位和简历。艾伦·福伊尔施泰因身边就有这样的专家，他的高层管理团队有着多年的公司运营经验，在弱肉强食的全球纺织市场中苦苦竞争并关注收紧制造成本。长年累月以来，他们本可以帮助福伊尔施泰因从竞争、公司金融和经济、可替换技术以及公司法律义务层面，分析和把握那场大火后他所做的选择导致的所有可能结果。不幸的是，福伊尔施泰因否决了这些专家对其决定的质疑，并投入最先进的技术重建了整条生产线。

　　实际上，专家并不是驱散所有灰色地带阴霾的明灯，也没有人能做到。但是，当你面对灰度问题时，这些人就是你想要让其参与到过程中的。最理想的状况就是，你能在灰度问题送到你桌上之前，通过探索来发现这些人。观察一下你的组织内部然后问问自己：有谁在业绩表现中有过在处理模糊事件时做出谨慎判断的记录？谁擅长运用有效以及有启迪作用的方式塑造或重塑现状？谁愿意团队合作，能够从他人身上学习，而不需要自己出彩？拥有简·奥斯汀所说的"自制力"，所以不容易被自己的感情或者在小组内蔓延的情绪所感染。[22]当你应对灰度问题时，这就是你想找的合适的人。

画决策树

　　你怎样才能努力让自己和其他和你一起工作的人，将关注点放在理解净结果上呢？当然，并没有唯一正确的方法，大多数都是根据情况不同而有所变化的。但是，在你做最终决定之前，有一个重要步骤几乎是必做的。你可以用不同方法来描述这一步骤，但是这些方法所指的都是同一件事。比如，观察一个大画面；将关键的折中方案分离开来；认识最底层深处的事实或从阳台上看风景。你需要清楚地看到你的基本选择是什么，以及每个选择可能带来的所有结果。

200 多年前一位鲜为人知的英国部长清晰地阐述了一个行之有效的方法，实际上古代的军事指挥官、商人以及水手就已经开始通过各种方式运用该办法了。这位部长是雷韦朗·托马斯·贝叶斯，他于 18 世纪住在英国乡村地区。他的方法现在已经演变成了复杂的决策体系以及高等统计学的重要领域，但是他的理论核心是一种能提炼决策的净结果非常简单且有效的方法。

贝叶斯用两个实际的挑战帮助我们理解这些结果：我们谁都没有水晶球，思考时也很难做到客观。贝叶斯明白这一点。[23] 所以他建议我们不要再试图预测未来，他希望我们把未来看成一系列的可能。

通过这件事来理解贝叶斯的话，想象一下他可能对艾伦·福伊尔施泰因说的话：我已经成了部长，所以很能理解个人悲剧。你和你的员工都遭受了巨大损失。我理解并赞赏你及时的决断，来帮助你的员工和他们的家庭。但是你需要往回退一步，好好想想你接下来的做法可能导致的结果。因为这里有太多未知，也因为你很容易被强大的情感反应控制，所以我建议你试着运用简单的决策树。[24] 这看起来像一种技术，但是实际上这是一种思考方式。决策树并不会给你答案，但是能给你对于你的选择可能带来的结果更为清楚的感知。

面对灰度领域的管理者可以通过两步来制作简单的决策树。第一步是列出你所有能解决问题的选择。也就是，你不要一开始就像福伊尔施泰因一样想你应该做什么，相反，你应该思路开阔并关注你所有应该做的事。[25] 第二步，你要努力填充上每个选择可能带来的结果以及每个结果可能带来的不寻常后果。

这样描述可能有点抽象，那我们来看看在莫登纺织厂的案例中这指的是什么。发生火灾的当天晚上，当艾伦·福伊尔施泰因决定用最先进的技术重建所有设施时，实际上他认为自己有着非常独特的决策树。这棵树只有一根枝干，那就是全部重建。他看起来相信这根枝干将会导致一个结果，那就是让公司成功恢复原状并再次振兴。他还认为这种不寻常的结果发生的可能性相当高。

不幸的是，他所选择的枝干有其他可能的结果。一个是在长期恢复和无利润的过程中苦苦挣扎，另一个就是实际上发生了的灾难。美国任意一位纺织业分析师都能预测到这些结果发生的可能性很高，因为太多美国纺织厂已经遭遇了类似的命运。这些可能在很大程度上否决了"全部重建"这一选择。可以理解的是，这一选择是三种可能性的加权值：巨大成功、长期无效益的苦苦挣扎、彻底失败。

更糟糕的是，福伊尔施泰因看起来并没有意识到自己的决策树有其他的枝干。每一个都是多种选择的结合，如停止失败的生意，加大对有前景的新产品研发投入，将一些生产外包，选址重建以及对解雇员工给予慷慨的遣散金和相关岗位再培训。这些结合会起作用吗？没有人知道。但是福伊尔施泰因和他的高管团队本可以在做最终决定前细致地评估这些选择，及成功的可能。这样他们就能有一棵基本的决策树。他们本可以看明白自己的决策到底是什么样的，以及每个决策可能导致的结果。

这样做的话，他们也就可能发现决策树上还有其他枝干，这些枝干能让莫登纺织厂继续维持运行，避免破产并为许多员工提供职位，还能够再培训其他人。公司最终收到了 3 亿美元的保险赔偿，以及 1 亿美元银行贷款。这些资金，如果精打细算有策略地开销，本可能让福伊尔施泰因实现他真正所关心的善举，虽然事实并非如此。最重要的是，如果他用了某种版本的决策树来确保自己进行全面而深刻的思考，那么福伊尔施泰因就可能为所有人创造出更好的净结果。

当你面对灰度问题时，你不需要画出复杂详细的决策树草图，通常你也画不出来。但是你可以花时间与他人一起来仔细思考这些选择、结果和可能性。当你得到新的信息后，你还可以更新自己对可能出现结果的评估。但是真正重要的是心路历程。我们要全面地看问题，考虑所有可能出现的结果，用想象感同身受地努力思考每一个结果，并对每一个结果可能带来的特殊情况做出最好的判断。

简单的决策树有许多优点，其中之一就是能够鼓励你面对大多数人不想面对的那些不好的可能性。电脑能够打败杰出的人类棋手，原因之一在于它们能够用绝对无感情的理智来分析每一次布棋。相比之下，人类表现的就如同典型的维多利亚时代的人，将自己的注意力从结果和那些看似复杂、令人沮丧而危险的情境中转移开。[26]

在莫登纺织厂的案例中，不好的可能性就是指像艾伦·福伊尔施泰因这样的企业家，分明已经非常机智地通过引进合成毛织物成功攻克了黯淡的行业趋势这一难关，却最终完全失败甚至毁了自己的公司。另一个看似已经被福伊尔施泰因避开的不好的可能性就是，他没能预期到不能实现自己的承诺，于是导致公司破产，解雇所有员工并对员工所在社区造成巨大的灾难。

第一大以人为本的问题要求你直面不好的结果。特别是，你要注意那些可能对无辜的人（尤其是当你做灰度问题决策时几乎会被无视的那些人）带来困难和严重危机的结果。接着，你的注意力就要放在决定本身上了，你要关注其所有的复杂性和不确定性。通常来讲，你在解决问题时总会面临时间上的压力。这样一来你就很难全面而深刻地思考了。为了看到你所做的决定对那些脆弱且容易被忽视的人造成的风险、危机以及伤害，你就不能把目光局限在自己的组织和经济、法律义务中。这样做可能会很不方便，还会让你的决定变得更为复杂，但是这就是边沁、穆勒、墨子还有其他有聪慧、有洞察力的伟人们相信是正确的选择。

协同策略

如果你想看到自己做的决定导致的所有可能的结果，仅仅把合适的人凑到一起，用正确的方式组织分析是不够的。有两个因素能够颠覆你所创造的完美过程，这就是**团队思考**和**老板思考**。团队思考让我们容易遏制自己的担忧，并随波逐流同意小组的观点。老板思考让我们失去自己判断的能力，陷入类似自动驾驶的情况，并会倾向于同意老板的意见。为了获得正确的过程和结果的清晰，你必须与这些常见的倾向做抗争。

按照这个逻辑，艾伦·福伊尔施泰因可能犯了一个关键性错误。莫登纺织厂一位德高望重的主管强烈反对他重建的计划。结果，这位主管被解雇了。这样的决定所传达的信息就像强烈的余震一样，在组织内部产生了巨大的反响。其中一个信息就是：老板的直觉比你的分析更重要。另一个则是：即便是面临复杂的灰度问题，反对老板就是把自己的工作放在刀尖上。还有一个信息便是：不偏离你的团队和你的老板所思考的方向，那么你就是安全的。

因为团队思考和老板思考都是很严重的问题，所以好的管理者需要迎难而上直面这两个挑战。一个策略就是将一个团队分成若干小组，让他们独立进行分析工作和行动计划，鼓励独立思考。或者让提出特别观点的人阐述其不同意团队立场最有力的原因。通过这个办法，就能够看出来他们将问题分析得有多么透彻了。

另一个策略就是指派团队中 1 ~ 2 个人扮演唱反调的。每个人都知道什么是唱反调，但是正是因为大家都很熟悉这个词，唱反调对解决困难问题的重要作用反而被掩盖了。基于反对和否决的辩证法是每个主要的哲学传统在追求真理过程中的必经之路。唱反调这一策略实际上已经有几百年的历史了。天主教在中世纪通过选拔候选人作圣徒来发展自己，然后官方会选出一个唱反调的人，对支持圣徒的"上帝"拥护者提出异议。[27]

当你面对灰度问题时，唱反调的人的工作就是对团队准备同意的观点提出最有力的反对意见或结论。这种工作方式需要唱反调的人获得组织内部平等的豁免权。这意味着，即使是对老板提出反对意见，只要否决观点是经过深思熟虑的，都会赢得支持而不会失分。

唱反调这个策略能从多方面创造推力。例如，有些部队会进行"红队蓝队"训练。这些训练是通过将团队分成两组来测试他们的敏捷度，两个队通过互相攻击来发现对方的优势和劣势。[28]林肯总统的内阁成员中包括了他的几个强大政敌。多丽斯·基恩斯·古德温将其称作"政敌团队"，并总结说该团队帮助林肯在美国历史上的关键时期做出了更好的决策。[29]

另一个有效的推力形式就是要求用"浅显的话语。"这指的是，要求专家在解释自己对可能发生结果的评估时，应使用普通人用的语言。这个策略旨在帮助团队中的每个人掌握有关现状的重要内容，以防有些人会盲从于看似深奥的分析进而显得呆傻。一旦你做好决定并开始实施，"浅显的话语"的标准还可以帮你做好准备，能清楚并有说服力地向非专家团队解释自己的决定。

当你面对灰度挑战时，所有这些促进推力的策略都是帮助你确保自己认真思考净结果的基本方法。这些策略并不能保证你攻克不确定性和人类易错性这两个难题，因为没有任何策略能够这样保证，但是它们确实能够为你和因为你的决策受到影响的所有人创造出更好的结果。

我们还需要更多的问题和工具吗

假设你正面临着灰度挑战，同时你已经遵循了本章的指导，现在你还没准备好做决定吗？你已经遵循了一个有着悠久历史的有力指导，去全面而深刻地思考你所做的决定将会导致的所有结果，而且这些指导深深植根于重要的宗教、哲学和政治传统。你已经避免了快速决定，努力让合适的人一起工作并建立了正确的过程。你可能已经用了简单的决策树，考虑了所有可能的选择、特殊情况和结果。你已经对直白、具有批判性的讨论进行了鼓励，并努力找出那些不好的可能性。那么你还能做些什么呢？

第一大问题主要关注的是你所做的事对所有人的结果，看他们是会得到帮助还是会受到伤害。这一问题看似是解决灰度问题的正确方法，也是一种值得赞赏的生活方式。那么我们真的还需要更多的问题和其他判断工具吗？答案毫无疑问是：没错。为什么？想象一下以下场景——这是一个有趣的思维实验，将第一大问题的局限性和危险性戏剧化地表现了出来。

想象一下你生活在一个非常重视第一大问题的国家。国家的领导人很认真地规划政府决策的相关结果，他们的决定都遵从着穆勒、墨子和其他重要的政治思想家的思想。最主要的是，影响国家的政策和决定都能客观地产出最好的净结果，同时你也支持这些政策。有一天晚上，你的门铃响了，你打开前门发现站着三个警察。你请他们进来，让他们直入主题。他们告诉你有六个人在附近的医院进行急救，他们所有人都急需要器官移植。他们计划把你带到医院，让你捐献器官。政府卫生办公室已经画了简单的决策树，他们估测你会失去大概 40 年生命，但是其他人将会因此获得 100 年生命。警察建议你做正确的选择，自愿和他们走。否则他们就会把你铐走带到医院。

你应该怎么做？如果你接受了这一计划，你就会死去。你爱的人和朋友们将会感到悲伤。不过他们可能也会因此得到慰藉，因为你可能在生命的最后时刻牺牲了自己救活了六个人。你愿不愿意已经不重要了，该决定所导致的基本平衡结果仍是相同的：一条生命（不幸的是，是你的）对等了六条生命。

假设你告诉警察他们的分析过于简单。在决策树上有另一条很重要的枝干。杀了你将会开一个恶劣的先例，导致很多其他不幸的结果。但是政府官员们已经对结果进行了全面而深刻的思考。他们的操作方式是一级机密而且不会再次使用这一方法。这个案例很特殊，因为在这六个病人中，有一个是获得过诺贝尔奖的科学家。他即将研究出治疗疟疾的方法。政府官员们看起来已经进行了全面的思考，你的死将会挽救几百万条生命。他们也进行了深刻的思考：你的死亡将是没有痛苦的，而这样做会阻止他人缓慢而痛苦地死去。显然，如果我们只考虑第一个问题，你就应该和自己的爱人告别，然后奔赴医院。

这一场景揭示了这个问题中的一个致命缺陷，这一缺陷非常关键，因为仔细分析上述所说的场景并不像一开始看起来那样不切实际。从结果的角度思考决定和行动依据的是强大的理智、宗教、政治和常识的指导。它是构成如成本－风险和成本－效益等分析的基础。但是这一方法在面临重要决定时也可能变得很危险和变态。20 世纪，无数无辜的人被纳粹分子等杀害，因为后者追求所谓对社会最好的变态想法。第一大问题冒着风险让我们每个人变成所谓有利于其他人的受气包。在某种程度上这样做升华了我们的生命，但是在另一些方面又让我们陷入了糟糕的境地。

第一大重要问题就像是一个喷灯：这是一个很有用却很危险的工具。作为一个有情感的自然人以及拥有重要决策地位的管理者来讲，这个问题是思考灰度问题的正确开端，因为它让我们观察全局，但是我们不能止步于此。在几个世纪里有关人类本性、力量和决策的对话中，这个问题发出了非常重要的声音。但是当你面对灰度挑战时，它不能成为你唯一聆听的声音。

那么，你所需要的其他方法是什么呢？同时，在器官捐献这一事例中，警察为了实现最好的净结果犯了什么致命的错误呢？下一章将会解答这些问题。

第 3 章

我们的核心义务是什么

如果警察准备把你带到手术室去，你可以用简单明确的话来改变他们的主意并拯救你的生命。你要直截了当地告诉他们："杀我是错误的。我是人，你们不能这样对我。"这样的表述能够及时制止警察。

是什么让这样的表述如此令人信服呢？答案是：因为它指出了一个基本原则——直接剥夺无辜人的生命是错误的，同时它告诉警察他们有责任遵循这一原则。你是说，因为你是人，所以警察对你是有责任的。同时，因为警察也是人，所以他们不能推卸自己的责任。

请注意，这样的表述和计算净结果没有关系。然而，它也没有明确否定第一大问题。它只是从另一个角度出发，让我们在做困难的决定时有了新的视角。这个视角是这次愉快对话中第二个重要声音，它所强调的问题也就是我们的第二大重要问题。其基本观点在于，为了处理好非常困难的决定，你必须明白自己作为人的基本义务是什么。因此，当你试图解决灰度问题时，你必须为自己想出一个答案，来回答当你面对某种情况时你的人性核心义务要求你做什么和要求你不要做什么。

器官移植案例是一个思维实验。我们需要花时间思考一下，什么样的基本人类义务向我们展示了当代历史最重要的决定。1945 年，美国在广岛和长崎投下原子弹，打响了第一次核武器战争。该事件导致 20 万人死亡，有些人当场死亡，有些人则是在经历了烧伤、创伤和核辐射折磨后死亡。在第二颗原子弹投放后几天，杜鲁门总统对作战部长表示自己头很痛。当部长问总统是字面意义上的头痛还是比喻上的头痛时，杜鲁门回答，"两者都有"。他说自己一想起来"杀了所有孩子"[1]就觉得难以接受。接着杜鲁门命令，没有他的明确指示，不能再在太平洋地区使用原子弹。

为什么杜鲁门总统下达这样的命令，他又是为什么头很痛呢？杜鲁门在第一次世界大战时期曾在欧洲作战。他深知在亚洲的战争给自己的盟军和其家庭带来多大苦痛。他急迫地想要结束这场漫长且极具破坏性的战争。但是杜鲁门也知道几千个无辜的婴儿和刚会走路的孩子在这场原子灾难中丧生。他知道这样的做法是错误的。孩子们是无辜的，为了更大的地缘政治议程杀害无辜的人是错误的。事实上，我们现在将这样的事件看作恐怖主义。

当杜鲁门总统表示自己不能再忍受杀害孩子时，他并没有提及有关净结果的估测。他考虑的是人性，也就是不仅作为总统，还有作为"人"对这件事的反应。杜鲁门清楚明了地知道杀害无辜的孩子是错的，他不想违背基本的人性。但是他为什么会这样想，这样感觉呢？为什么杜鲁门相信坚守人性是做重要的战时决定的正确方式，而这样的决定会不会成为其不仅是作为总统，也是作为人类的立法核心呢？对于做关于灰度领域的最好决定，这样的思考方式又向我们展示了什么呢？

生而为人，我们的核心义务是什么

和其他四大问题一样，第二大问题的工作方式像激光一样。它包含并集中于很多复杂、长期存在的基本思想，这些思想包括什么是好的生活、好的团体和好的决定。这个问题提炼并浓缩了宗教理念、基本政治哲学思想和有关进化论的重要观点，以及我们每天对苦痛、折磨和死亡最本能的反应。

这个问题（我们的核心义务是什么）的关注点在于一个简单、

重要的人文主题：我们相互之间有基本义务，仅仅因为我们是人。换句话说，我们有一个非常重要的普遍人性特点就是，我们会直接迅速地创造出对他人的基本义务。[2]

德国哲学家伊曼努尔·康德精彩地表述了这一理念。他写道："有两件事情最令我感到敬畏。一个是我头上布满繁星的天空，另一个是我内心深处的道德法律。"[3] 在这次愉快对话中的第二个声音，实际上就是说我们的基本道德义务像头顶上的天空一样真实。履行这些义务是做好的决定和过好的生活最好的方式。当然，这样的说法充满力量却也饱受争议，我们很容易想出理由来反驳它。那么，为什么有些最聪明、最慈悲的人认为这样的思考方式是完全正确的呢？

有关这一问题最清楚、最古老的答案出现在伟大的宗教传统中。犹太教、基督教和印度教都教导说人类是一种特别的生物。[4] 有些宗教称，我们拥有灵魂和神圣的感知；还有一些称，我们由一半肉体和一半永恒的精神构成，或者说我们是造物主的杰作。换句话说，我们人类不只是进化的一个阶段。比如，天主教几百年来的基本准则是：作为"上帝"的形象代表，人类个体拥有人的高贵，人类不只是"上帝"创造出来的某个物件，更是有血、有肉、有思想的人。[5]

不论我们是谁，我们住在哪里或者我们社会的政治体系是什么样的，我们对每个人都有着强烈的、有约束力的义务，而从宗教角度来思考这一义务只不过是很小的一步。东方传统对这一点阐释得很明确。⊖比如，孔子认为所有人都对自己的家庭、社会团体和政府有着不可推卸的责任。在西方传统中，古希腊人和古罗马人也持有相似的观点。西塞罗在其经典著作《论责任》（*On Duties*）中说，我们每个人的责任都源于人类的本性和我们身边的社会团体。[6]另一位罗马重要的政治家、哲学家塞涅卡简要地写道："人对人来说是神圣的。"[7]

即便是在今天，现代西方世界也着重强调个人权利，我们仍旧生活在一个充满责任和义务的世界。许多义务来源于我们的社会规范：我们作为父母、孩子、市民、雇员或者专家都有每个身份不同的责任。即便是那些一心一意维护自己权益的人也逃避不了这个充满义务的世界。

这是因为权利和义务是一把双刃剑：如果我有权享有我的财富，那么你也有义务尊重它。如果你有权利知晓真相，那么我也有义务告诉你事实。总之，我们对其他人有着强烈的、有约束

⊖　本书在几个方面对西方和东方的思考方式和社会习俗进行了区分。目的只是为了更全面地强调分化的趋势。实际上，"西方"或"东方"都不能称之为一个整体。它们的文化中许多重要的因素是相同的，其界限也因为广泛的思想交流变得模糊。比如，在 12 ~ 13 世纪人们再次对亚里士多德思想产生兴趣，正是因为哲学家伊本·路世德，也叫阿威罗伊，对其著作进行了大量的评注。见 Roger Arnaldez, *Averroes: a Rationalist in Islam* (Notre Dame, IN: University of Notre Dame Press, 2000).

力的义务，这一观念塑造了我们的生活、制度，充斥着我们的思考。

为什么会这样？没有明确的答案能够解答这一问题。但是进化论为我们提供了一个十分有趣、易引起争端的解释，这一解释似乎能在我们每天的经历中得到证实。[8] 其基本观点在于，由于基因像骰子一样滚动变化，有些史前人类比其他物种更有共鸣。这可能是依赖于有些神经学家所说的镜像神经元，他们可以快速地掌握别人所想所感。拥有这一能力的史前人类能够在团队协作寻找和储藏食物、保护下一代和对抗掠食者的过程中做得更好。因此，他们更容易生存并把自己的基因特质传给下一代子孙，而这些人最终进化为今天的我们。

当然，这只是个猜想，但是我们的日常生活似乎已经证实了这一点。想想有关虐待儿童和暴力犯罪的电视报道。当我们看到这些报道时，我们的反应是发自肺腑的。我们感觉并确信自己所看到的事件是错误的。[9] 有些声音清楚而大声地告诉我们，人类不应该对其他人做这样的事。同时，我们还意识到那些和我们反应不一样的人也是错的。这些特立独行的人需要有人向他们解释，告知他们为什么这些恶行是错误的。他们的问题在于他们在寻找"能解释多个问题的一种缘由"。[10] 其他人看起来对一些社会恶行完全没有反应，因此我们担心他们有缺陷或者道德败坏。

　　总之，第二大问题是响亮的合唱而非个人表演。它将一系列长远的、精辟的见解放到一起。这些见解不仅被那些聪慧并富有同情心的思想家拥有，我们大多数人在每天的经历中也可获得。老调重弹，我们在特定方面对其他人有基本义务。作为人类，这些基本义务应该指导我们的决定和人生。哲学家奎迈·安东尼·阿皮亚非常清晰地阐述了这一原则："没有任何系于一地的忠诚可以为忘却人类对彼此有责任这件事开脱。"[11]

　　第二大人文问题反映了这个精辟的原则。它解释了为什么警察让你进行非自愿的器官捐赠是错误的行为。这就是为什么杜鲁门总统想到杀害日本孩子的事就会心如刀割。第二大问题阐释了这次对话中的一个基本声音，那就是生命中重要的东西究竟是什么，世界究竟如何运作，以及什么是做困难、重要决定的最好方式？这就是为什么这个问题对解决灰度挑战如此重要。这也意味着，当面对困难的决定时，忽视这个问题的人就会表现得傲慢、冷漠和自私自利。

　　第二大问题非常重要，但是它实用吗？例如，想象一下你正面临着的灰度挑战。你已经像个管理者一样处理这个难题了，和他人一起得出最好的信息、分析结果和按理来说你能得到的最充分的评估，现在你不得不决定要怎么做了。具体来说，你如何才能知道在这样的情况下你所需要的核心人类义务是什么呢？在哪里才能找到自己不能跨过的明确界限呢？为了回答这些问题，我们将会提到一个面对非常严峻的灰度问题的管理者，并从基本人类义务的角度出发思考他所面对的情景。

实际挑战

想象一下你如果是吉姆·墨林，美国生物基因公司百健艾迪的总裁。2004 年，百健还是个小型生物科技公司。经过几年的努力，它研发出一种新型药物能够治疗多发性硬化症。这种病折磨着全世界几百万人，并且无法预测、令人恐慌甚至有时会出现严重的症状。这些病症从乏累、阵痛、肌肉无力、失衡到癫痫、抑郁、认知能力下降，甚至可能导致死亡。

百健的新产品那他珠单抗看上去是治疗多发性硬化症的巨大进步。正如一位患者所说："我觉得好多了。不是说我能奇迹般地跳起来或者跑步了，但是我确实能够和我五岁大的儿子一起走到鸭子池塘了。我能够站得足够久直到做好晚饭，而且我笑得更多了，这就是那他珠单抗给我带来的。"[12]

因为那他珠单抗在临床测试第一年里被证实非常有效，所以美国食品和药物管理局接受了百健的要求，在全部临床测试完成之前推广了该产品。百健公司争分夺秒地将那他珠单抗推广到市场上。仅仅一年，百健就建了两套新的制造设备，准备好三方支付平台，重组销售团队，完成美国食品和药物管理局要求的最后研究阶段，并让 7000 名患者服用了那他珠单抗，另外还有 15 000 名患者等待管理保健提供组织证实药物有效后再服用。百健艾迪的股价达到了历史新高。

二月的一个星期五早上，吉姆·墨林在百健艾迪召开了一次会议，感谢员工的辛勤工作并祝贺他们已经取得的成绩。当他回到办公室时，他收到了来自产品安全部主管的一封语音邮件。邮件上说："吉姆，我们必须谈谈。马上给我打电话。"墨林知道这一定是个坏消息。他很快得知那他珠单抗临床试验中的一位病人死于进行性多灶性白质脑病（PML），这是一种很罕见的脑部感染病。而另一位病人也出现了相同的症状并且病情危急。如果只有一例可能是偶然，但是有两例就说明可能是那他珠单抗导致的问题。

我们将会在接下来的章节里回到墨林面对的难题和他所做的决定，因为这些都说明了很重要的观点和主题。然而，现在我们要关注的是，面对如此的灰度问题，你要面对什么样的人性挑战呢？

墨林的情况对其相关义务提出了一系列问题。第一个问题就是他应该如何处理自己义务的多样性。进行性多灶性白质脑病的问题包括了墨林要承担的法律义务，他要承担对目前的病人、潜在的病人、治疗他们的医生和护士、各国政府官员以及股东的责任。同时，墨林还要担负一系列的平行义务，就是对这些人的道德义务。如果我们仔细看的话，我们会发现这些法定和道德义务并不简单。

比如，墨林对那些服用了那他珠单抗的患者负有什么责任呢？他是不是有法律和道德义务立即告知医生有关进行性多灶性白质脑病的事件呢？他有责任马上告诉患者这件事吗？或者他有义务先将这件事追查到底吗？可能他的义务是马上撤出那他珠单抗。或者说，一旦患者被告知相关事件，他们是否有权利选择决定冒着患上进行性多灶性白质脑病的风险留下药呢？

把那他珠单抗的案例放到一边，先想想人们常常声称的那些权利。有关这些权利的清单越来越多。其中一个列表包括："生命的权利、选择的权利；投票、工作、罢工的权利；有权利打电话、解散议会、开铲车、得到庇护、在法律面前得到平等对待、为所做的事感到自豪；我们有权利生存、给罪犯处以死刑、发射核武器、在国王的城堡周围建城堡和享有有着独特基因的身份；有权利相信别人的眼睛、宣布结为夫妻、独处以及用自己的方式结束生命。"[13] 所有这些权利都带来了你对别人的义务。这些义务和权利就像是雨林里的昆虫在我们身边飞来飞去。

另外一个很复杂的地方在于这些义务以不同的形式出现：有些是法律规定的，有些很相似，有些则很高深难测，有些是无关紧要的，而有些则会影响我们的生活。那么是否会有一些义务或者义务的形式和其他的不同呢？当义务面临矛盾时会发生什么呢？一个每天都会发生的经典矛盾就是跟朋友说实话还是说善意的谎言。总之，义务的多样性制造出了严重的实际问题。在特殊的情况下你怎么才能知道自己的义务呢？你要怎样优先处理自己的义务呢？如果一个义务和另一个义务相矛盾你会怎么做呢？另一个难题在于我们不能想当然地以为自己能够理智地将自己的义务分门别类。在成长的过程中，我们大多数人都从父母和其他权威人士那里学到了一系列能做的和不能做的事——听父母的话、保持屋子整洁、尊重别人，等等。通常，他们这种强大的声音会在我们的脑海中回响，下意识地告诉我们应该做什么和不应该做什么，并因此制造出很多感觉。

更糟糕的是，存在有力证据证明，即使我们完全注意到自己的义务，来自外部和内部的力量也让我们很难遵从我们知道应该做的事。就像美国普林斯顿神学院学生的经典例子。他们参加了一个有关乐善好施者的圣经版讲座。根据原计划，这个演讲超时了，所以学生们下一堂课迟到了。在去上课的路上，他们遇到一个人（实验人员）倒在门口痛苦地呻吟咳嗽。然而在 63 名学生中，只有 10 个人是乐善好施的人，停下来帮助他。[14] 其他人都直接上课去了。

100 年前，美国哲学家威廉·詹姆斯写道："人性罪恶的踪迹遍布各处。"[15] 詹姆斯表示，现代社会科学一遍又一遍地明确表明：正如我们在上一章中所看到的那样，我们的利益、偏见和盲点会以无数通常看不见的方式塑造甚至扭曲我们行动的结果和义务，而我们往往坚信这些是客观思考的产物。

那他珠单抗的案例迫使我们质疑第二大问题在实际情况中究竟是什么意思。当你试图认真对待自己的基本义务，但是这种义务全方位地向你发起攻击时，你会怎么做？你怎么才能在清晰明了没有任何偏见和干扰的情况下，把握住自己作为人类的核心义务究竟是什么呢？

实际指导：唤醒道德想象的五个步骤

要回答这个问题，有一个经过了时间检验的方法。那就是我们要依赖于一直被我们称为"道德想象"的东西。这一节我们将会解释什么是道德想象？为什么它如此重要？它怎样才能帮助我们解决灰度问题？但是在你能够运用道德想象之前，你需要做两个前期准备，每一个都能完全清理掉你脑袋中对于第二大问题听起来熟悉并说得天花乱坠，但是完全不充分的答案。这些答案都标榜着能够告诉你，你的核心义务是什么，但是却都会严重误导你。

忽略经济因素

第一条建议就是当你面对灰度挑战时，你应该努力从经济学的角度看问题，但是同时你还要忽略经济学。换句话说，统计数字和掌握这些数字所告诉你的内容很重要，但是这些远远不够。你还必须将这种传统的智慧放到一边。

有一个错误的观点就是，如果你是商业管理者的话，你的中心或特有的义务就是挣得利润、使收益最大化、创造股东价值，或者说就是赚钱。显然，大多数公司都需要挣很多利润，不论是什么种类的组织，都需要特别注意自己的财务状况。管理者则需要熟练地掌握这项技能。这就是为什么本书中的基本指导让你在最开始面对灰度问题时表现得像个管理者。这是指你要充分了解公司的经济现状。对于灰度决策和常规决策，如果你不这样做，你将会做出很糟糕的决定，而这很有可能限制你的事业前景。

但是当你面对灰度问题时，你必须人性化地来解决它。在这样的情况下，如果你想理解并履行基本的人类义务，你就必须看到经济状况以外的事情。

比如，吉姆·墨林应该忽视人们彼此有义务这一长久传统，而试图通过采取任何满足股东利益的方法来解决那他珠单抗危机吗？他是否应该仅从百健的底线角度考虑该药物对多发性硬化症患者的利益和危机呢？同理，管理者应该仅从经济角度考虑解雇问题吗？他们是否应该将对雇员来说苦难的、有着毁灭性重大影响的解雇事件放到一边，反而视自己的员工为一种像机器似的资产，可以被重视、被部署、被维修、被贬值甚至被遗弃。

从历史的角度来看，管理者在组织内部享有独一无二的统治权，能将经济收益最大化是一种突破性的进步。主要在20世纪末的美国，不知为何，一种理论假设成了至高无上的决策准则。这种假设曾被广泛地用于学术研究中：经济、金融、计量经济模型等。从人文主义角度来看，这个观点是一种令人震惊的发展。没有任何基本人类义务、宗教和世俗观念，将为某个组织赚很多钱作为至高无上的需求。要是有的话，伟大的思想传统就不会对财富和富裕有那么大的偏见了。

但是你可能无从选择。难道商业管理者不是都只能服从规定将股东权益最大化吗？答案是肯定的，这就是为什么当你面对灰度问题时仔细考虑经济因素非常重要。美国的公司法没有要求商业管理者必须永远有义务将股东的经济利益最大化。[16]事实上，法律要求的与其有很大不同：管理者的法律义务在于满足股东和公司的利益。满足股东和公司的利益可以通过很多方法实现，也就是说法律给了管理者和管理人员很大的灵活性来实现这一目标。[17]

最近，苹果总裁蒂姆·库克和一位活跃股东进行了交谈，他们将真实的法律现状戏剧化地表现出来。这位股东问库克有关公司新能源的项目，并告诉他苹果只应该追求能获得收益的项目。库克很罕见的生气地表示，苹果之所以做这些事就是因为这些是正确的、合理的。他说："当我们寻找方法让盲人也能使用苹果手机时，我根本没考虑投资回报率。如果你想让我只根据投资回报率做事，那你撤股吧。"[18]

在美国，商业判断规则为高管和董事会在制定公司目标时提供了很多方向，只要他们的动机不被利益冲突所玷污，他们就能够尽力做出明智的决定。此外，美国的 30 个州都通过法律明确要求公司不仅要考虑股东利益还要权衡各方利益。美国法律学会表示，管理者应该谨慎地牺牲利润，避免导致"不道德地"伤害雇员、供货商、社区以及其他各方。[19]

利润最大化的基本原理属于基本的实用主义。它为竞争市场中经济运行的常规决策和完善的法律体系提供了简单、清楚并实用的准则。在这些情况下，从长期利润和回报的角度思考是合理分配社会资源的重要方式。在竞争市场中，高利润对公司的生存和成功起着至关重要的作用。但是赚得高回报这一责任，并没有凌驾于或者取代你作为人的基本义务。管理者必须谨慎小心，不能以经济责任为借口忽略这些义务。这就是为什么，当你面对灰度问题时，你需要努力关注经济状况，同时还需要将这些经济现状放到一边。

忽视利益相关者

假设从对利益相关者的义务这一角度看问题呢？这样的做法往往是关注股东回报的常规替代选择。这一观点是说，当你做重要决定时，你应该对外部团体的利益负责，而不仅仅是股东。[20]通常，这些团体是指公司的顾客、雇员、供货方、政府以及公司所在的社区。

利益相关者分析能够帮助管理者正确地掌握自己的基本义务吗？答案是否定的。利益相关者这一观点很有效也很重要。它对于追求利润的狭隘观点是一剂强力解药。它告诉管理者要谨慎、负责并有策略地处理好他所做的事情中涉及的所有利益相关团体。它还促使管理者为管理与这些团体之间的关系提出完善的计划。但是利益相关者分析有两个严重的问题。

第一个问题是它太宽泛了。告诉你要关注自己对利益相关者的义务还远远不够。它并没有告诉你哪一个团体享有最大的优先权，或者管理者和公司对这些优先团体有什么样的义务？利益相关者分析给你指出了一个正确方向，它告诉你要好好看看重要的外部团体，理解他们的利益所在，他们的力量以及你对他们的责任是什么，但是它没有告诉你什么利益关系或者谁的利益关系才是真正重要的。

第二个问题在于因为利益相关者分析太过宽泛，所以它制造出了严重的诱导倾向：你容易关注那些更大的、确定的、熟悉的团体，尤其是如果这些团体具有政治或经济影响力。这并不是教科书上利益相关者的分析方法，而是现实世界的危害。这个危机暗含在电影《卡萨布兰卡》（*Casablanca*）的经典台词中："把那些嫌疑犯都找来。"[21]艾伦·福伊尔施泰因可能就是掉进了这个陷阱。他过多地关注于那些长期与他共事的、他能看得见的、熟悉的人的眼前利益，以至于没能考虑自己对他们的长远义务。他确实关照了莫登纺织厂的现有工人，但是这只是基于短期考虑。不管是在莫登纺织厂、美国的其他地方还是全世界，都没有人能代表其他人。从长远角度来看，如果福伊尔施泰因愿意重新思考并重建莫登纺织厂，进而长期提供稳定的工作，那么谁会受益呢？

因为只关注已经确定的团体，管理者可能会忽视长期的机会。他们还可能忽视自己对那些边缘化、没有政治影响力的团体的重大义务。他们更倾向于关注那些能保存过去辉煌而非塑造明日成就的团体。最近有一本名为《未来和它的敌人》（*The Future* and Its Enemies）的书强调了这个问题。其基本问题是：谁代表未来？谁代表那些弱小甚至还没有形成的团体的利益？[22] 那些知名的工厂和公司在世界各地与很多政府为友，而那些新创业的公司则通常不是这样。[23]

幸运的是，吉姆·墨林避开了利益相关者分析的风险。他有关那他珠单抗的决定影响很多不同团体的利益。那么墨林应该"把那些嫌疑犯都找来"，并想出计划保护公司股东、员工、所在社区、患者、医生和其他国家的监管机构吗？或者他是否应该只关注履行对正在服用那他珠单抗的患者这一团体的义务呢？墨林没有忽视百健的利益相关者，但是他更关注公司对服药患者的明确、基本的人类义务。相比其他与公司有利益关系的团体来说，对这些患者的义务占主导地位。

唤醒你的道德想象

当你面对一个很特殊的灰度问题时，你怎么才能知道自己的人性核心义务是什么呢？你怎么才能确定这些义务在特定的条件下的真实含义呢？总之，答案是你不得不依赖于你的道德想象。

道德想象这一观点在今天并不为人所熟悉，但是实际上它是历史悠久而重要的宝贵遗产。道德想象最简单的形式是一种声音。在特定情况下，它有时会紧急地告诉你有些事情错得很严重，你不能忽视必须马上采取行动。当杜鲁门总统说"我一想到自己杀了那些孩子，就难以忍受"并严控再次使用原子弹时，他就是在运用道德想象。

让我们看看在特定的情况下什么是道德想象，先回忆一下第1章描述的灰度问题，就是那个工作了很久的助理遇到的严重能力下滑危机。这个案例是真实状况的变异版本，所以我会将这位助理命名为凯西·汤姆森，她的老板为艾丽莎·威尔逊。和威尔逊共事的管理者和她的下属都对汤姆森很失望。大多数人想要将这个状况反馈给人事部，希望汤姆森能够离职。威尔逊非常不喜欢这个做法，她觉得这位助手正在严重的身体和心理问题中苦苦挣扎。威尔逊一度表示："我真的害怕凯西会在大街上结束自己的生命。"

当威尔逊这样说的时候，她所表达的正是她的道德想象告诉她的事。威尔逊说她和她的管理团队已经和汤姆森共事很多年了，他们应该给她特殊的照顾和解决方法。威尔逊相信并感觉，作为"人"，他们有强烈的义务应该给她离职金和推荐信，而不是将她交到人事部办理离职。

200 多年前，英国政治家、历史学家、哲学家埃德蒙·伯克对道德想象给予了经典的定义："心之所想，理智允许。"[24] 伯克的话正描述了艾丽莎·威尔逊对凯西·汤姆森事件的反应。这是一种心里的感觉和理智的思考的融合。威尔逊的心——她作为人的本能反应,告诉她对另一个人的福祉有着重大的责任。她似乎看到了并害怕汤姆森"流落街头"的景象。当威尔逊思考这些事时,她认识到这些事是有可能真实存在的,因为她的助手存在着很大的问题。威尔逊认为,作为"人",她和其他管理者对汤姆森有特殊的义务,这种义务不仅源于汤姆森长期为他们工作,也是因为汤姆森是他们的朋友。用伯克的话来说,就是威尔逊的理智允许了她的心之所向。

什么样的状况能够触发我们的道德想象呢?对于这个问题并没有全面的解答,但是在很多像艾丽莎·威尔逊和吉姆·墨林这样的情况中,有两个基本人类义务是至关重要的。

第一个主要是人类的生存不遭受危险、苦痛和折磨的基本权利。很明显这一权利是至高无上的。实际上,其基本原理与政治文件和哲学论证都毫不相干。相反,它依赖于一种人文观点,那是一种对告诉我们"有些事情是错误的"人类经验广泛而富有同情心的理解,我们必须防止对其他人类伙伴做出这些错事。这些事情是什么呢?一位重要的当代道德哲学家斯图亚特·汉普希尔写道:"人类经历中的邪恶之事并不神秘、'主观'或者与文化有关;它存在于每个年龄段、每段有文字记载的历史以及每个悲剧和小说中：谋杀和生命的毁灭、监禁、奴役、饥荒、贫穷、肉体上的苦痛和折磨、无家可归、没有朋友……"[25] 换句话说，我们都有基本权利不让自己的生命被剥夺或毁灭。这意味着管理者有重要的义务避免严重影响或威胁其他人的生命。

另外一个能经常触发我们道德想象的情况就是：人们没有受到作为人类应该有的尊重和体面。[26] 正如我们所见，这个义务在全世界的宗教传统中有着很深的根基。它还植根于基本民主理念：我们都是有价值的，我们的价值是平等的。

我们并不能精确而完整地对这两个基本义务进行解释。没有刀枪不入的哲学理念能将我们的信仰渗透进去。但是管理者不能忽略这些义务或者用如组织内部的经济状况等其他事物将其替代。实际上，因为这两个基本人类义务是开放式的，所以管理者不得不更加努力、更加认真地思考他们在特殊情况下需要什么。

那他珠单抗的案例显示了做这些工作的必要性。正如我们所见，墨林的决策不是决定哪些非常需要药物的人能得到药以及什么时候能得到，他决定的是谁会遭受痛苦以及谁可能生存或死亡。这让墨林有了清晰并占主导地位的责任去只关注病人的健康。这个责任要比任何对百健股东和其他利益相关者的责任更重要。服用那他珠单抗的患者也有权被平等而有尊严地对待。这意味着墨林和百健艾迪都有责任告诉他们实情，他和公司都要尽力分辨出那他珠单抗的效益和危害。

攻克道德想象的壁垒

"依赖你的道德想象"，说起来容易。然而，实际上这是很难自发地完成的事，当你面临真正的压力时你可能都不会去进行道德想象。因此过程很重要，正如过程在评估净值、净结果时起的重要作用。为了唤醒你的道德想象，你必须采取两个步骤。第一个是，认识到做这件事要面临什么样的难题。第二个是，你和其他人一起主动地了解你的道德想象所提供的信息。

这些难题是什么，它们又有多严重呢？答案来自一个很令人意外的人：伟大的古典经济学家亚当·斯密。虽然他因为提出像"市场是无形的手"这样的基本经济原理而闻名，但斯密实际上是一位人文思想家。他最有名的著作是经济专著《国富论》（*The Wealth of Nations*），但是最能真实地反映斯密个人哲学修养的是他一个有关人类心理学的研究，名为《道德情操论》（*The Theory of Moral Sentiments*）。[27]

在其中一章里，斯密阐释了人们对遥远未来的灾难的典型反应。令人震惊的是，他在200多年前就能精确地描绘出，我们今天对于一个巨大的人类灾难在世界某处发生时的反应。斯密想象一场地震使一个亚洲国家中的很多人丧生，然后他概述了一下欧洲一些人的反应。他写道："我想，某个欧洲人首先会对这些遭受了不幸的人表达他强烈的悲伤，他会为人类生命的脆弱感到悲伤，然后认为人类的劳动是虚荣无用的，因为它们能毁于一旦。"[28]

斯密告诉我们这种反应会持续几分钟，但是我们富有同情心的欧洲人接下来会做什么呢？斯密写道："当所有这些美好的哲学评论结束，以及很好地表达过这些人文感知后，他就会继续自己的事业和追求自己的乐趣，就好像什么灾难都没发生一样安然自若地做自己的事。"[29]亚当·斯密这个敏锐的人类状况观察家，他所展现给我们的是我们很熟悉的事情：道德想象会唤起对受灾国家的同情，然后这种同情会很快平息。

是什么令我们的道德想象如此脆弱、短暂？对于管理者来说，其中一个因素就是太忙了。实际上，管理者就像是在一个没有尽头的传送带上工作一样，这个传送带将一个又一个问题带给他们。有些很大，有些很小，许多都是凌乱复杂的，而大多数都是要快速解决的——因为这样你才能着手下一个问题。组织规则是另一个难题：通常，我们不真正地思考，而只是做熟悉的、经常被强调的或者能得到奖励的事。在凯西·汤姆森的案例中，标准做法就是将她的情况反馈给人事部。

令人非常惊讶的是，另一个难题是成功。几年前，一位主管回顾了一下自己在纽约的事业。当他开始起步的时候，他的薪水很低，那时他坐公交车上班。后来，他搬到了郊区，然后开车上班。在他事业达到顶峰的时候，他乘坐豪华轿车上班然后坐专属电梯去摩天大楼里属于他的办公室。他后来意识到，每次晋升都会让他离普通人的生活越来越远。每一步晋升都让他成为更有权力、更成功的人，但是也让他变得更像吹泡泡的孩子。

不幸的是，这些导致他道德想象的壁垒越来越坚实。这些壁垒不仅包括忙碌、规则和能麻醉人神经的成功，还有人性本身。他逐步演化成部落生物，在最浅显的层面上将"自己和他人"、内部人员和外部人员划清界限，遇到问题时会下意识地顾全自己。结果，他的道德想象被蒙蔽了。近几十年最有影响力的生物学家之一 E.O. 威尔逊曾写道："现在可以从当代生物学的角度出发，我们血腥的人性是根深蒂固的，因为组别意识是造就我们的主要推动力。"[30] 这种趋势扭曲了我们的道德想象，这也可能是亚当·斯密想象欧洲人很快会从灾难中转移注意力的原因。

尝试感同身受

如果你正面临很难解决的灰度问题，同时你还不想回避这些基本的人性义务，那么你应该怎样处理这些难题呢？挑战在于将你看作"其他人"——局外人或者受害者，不能把自己看作内部人员、决策者或者占主导的一方。更难的挑战在于通过强调人性的方式，来掌握或感知"其他人"的经历。

做这件事一个行之有效的办法就是花点时间试着去回答一个老问题。古代希伯来哲学家、神学家希勒尔曾对其进行清晰的阐释。他曾和一个愿意转信犹太教的人谈话，但是这个人只有一个条件：希勒尔要给他解释全部的犹太教经典，在此期间要用一只脚站立。希勒尔很容易解决了这一挑战。他只是说："你们自己憎恶的事也不要对你的邻居做。这就是全部的犹太教经典，其他都是评注，去学吧。"[31]

这句话的重点词在于"憎恶的"。希勒尔告诉我们，如果我们设身处地站在他人的位置上，我们最需要关注的是什么。实际上，对于受你决定打击最严重的那个人，我们要寻找方法问你自己和其他人在这种情况下你会变成什么样，将会帮助你思考和感受当时的情况。试着想象一下，如果你的父母、孩子或者你爱的人陷入这种不利处境时你会作何反应？如果你是多发性硬化症或者进行性多灶性白质脑病的受害者，你会怎么做？你会怎么想，怎么思考？你急切想要的是什么？如果你的孩子、父母或者伙伴患上多发性硬化症或者进行性多灶性白质脑病你该怎么做？你认为墨林和他的公司对你或你挚爱的人应该承担怎样的基本义务呢？

和希勒尔的指导类似的版本是一个黄金法则："己所欲，施于人。"[32] 在西方，大多数人都将其视作基督教义的箴言，因为在有些教堂里这句格言会被当作临时教义。但是这种观念失去了希勒尔想要我们问的问题的全部力量。这个黄金法则并不只是基督教义，它出现在每一个主要宗教中。有些哲学家认为黄金法则是重要道德理论基础的一部分。[33] 我们很容易在每天实际的道德指导过程中听到它的回声——就像美洲土著居民的名言说的那样："穿别人的鞋走 1 英里⊖路才能感同身受。"

将黄金法则当作礼拜训导那样忽视，而不是将其视为几乎普遍的人文主义，是很严重的错误。道德想象从根本上来讲有一种世俗版本，希勒尔的版本有着更明确的指向性，他问我们会憎恨什么？这个问题存在了 2000 多年，因为它督促着我们占据主导地位的道德想象。它推动我们带着想象和同情思考其他人的经历，将其当作一种理解特殊情况下人性的基本义务究竟是什么的方式。

问这个问题是很有价值的，但它仍然很难唤醒你的道德想象力。这是以正确的方式与其他人或通过其他人工作的过程重要的另一个原因。这就是为什么对于面对灰度问题的管理者和团队来说，找到方法避开组织泡沫，直接听取决定所影响的人的想法，或能够直接、具体、有力地描述自己经历的人的意见是非常有效的。

⊖　1 英里≈1609 米。

另一个方法就是让别人扮演局外者或者受害者的角色，并尽力做到生动形象且有说服力，使其他人至少能听到一些事情，有关受灰度决策影响的人的基本急需的东西是什么。这个方法有时会被描述成确保每次会议都有个"大老粗"[⊖]，他能直接、立刻说出一些尴尬的现实问题。³⁴ 在凯西·汤姆森的案例中，艾丽莎·威尔逊自己就作了这样的角色，她告诉与她共事的管理者，她很担心汤姆森会因为丢掉工作而备受打击，可能会在大街上结束自己的生命。

所有这些策略都是认真思考第二大问题的方式。我们要忽视经济、股东、利益相关者，并努力唤醒自己的道德想象。第二大问题告诉我们，实际上：不要以为你的社会地位或者在组织里的地位可以免除你作为一个人的基本义务。不要掉进你自己的利益、经验、判断和已有的看世界的方法等这样的陷阱。你要努力从你自私自利的牢笼中逃出来。你要努力尝试自己或者和其他人一起想象，如果自己就是那个人的话会怎样想？真正需要的、想要的是什么？

良好的开端

我们现在来看看两个基本人文问题，一个关注于结果，而另一个则聚焦于义务。随后，我们会运用好这两个问题开展实际指

⊖ 这里指充当会议中直言不讳角色的参会人员。——译者注

导。它们能在灰度问题上帮助我们多少呢？答案是：我们真的会因此有所进步，同时我们还有很多事情要做。

我们现在具备的是实用框架的基本要素。事实上，前两大问题是说，当你遇到灰度问题时不要急于解决问题；相反，你应该花时间和别人一起或者自己好好想想。努力尝试掌握所有可能在你面前出现的结果。然后花点时间努力想象并具体地思考一下你作为人的基本义务问题。

为了了解这些问题是如何起作用的，我们先看看它们是怎样为困难问题提出折中方案的。比如，政府是否应该监管私人电话和网上交流？支持监管的人是从结果的角度出发的：他们想要预防可怕的恐怖行动。反对监管的人是从权利的角度出发的，尤其是隐私权。美国有关枪支管控的讨论也是因为类似的原因失败的。支持加强管控的人强调的是，如果坏人持枪无辜的人会遭受的悲惨结果。反对管控枪支的人则是呼吁保护守法公民的权利。

前两大问题都直击那些伟大历史决策的核心，比如杜鲁门使用原子弹的决定。他很苦恼的选择在于，是扔下两颗原子弹拯救同盟战士还是牺牲无辜的孩子。历史学家至今还在争论杜鲁门的折中方案是否正确。可能那时战争已经快要结束了，没有必要投下原子弹。可能一颗原子弹就能够让日本投降了。无论怎样，人文框架中的前两大问题都显示出杜鲁门当时所面临状况的基本特性。

　　这些例子都展示出前两大问题是如何洞穿复杂、矛盾的问题，并揭露出在灰色地带情况下应该选择怎样的折中方案。将两个问题结合到一起使用会带给你更多益处，因为有时候它们像漏斗一样运作。也就是，它们能够帮助我们过滤掉一些有不好结果的或者可能有碍于我们基本义务的选择，让我们需要考虑的可选择范围变小。[35]

　　但是，在灰度问题中我们需要的远不止清楚明了的折中方案。我们需要做的也远不止排除掉某些选择。关键问题在于，我们应该怎样选择、如何计划行动？我们需要一个行得通的计划——可以让一个团队、部门或者整个组织负责地、成功地度过灰色地带。这意味着我们需要从实用主义角度出发。为了理解到底什么是实用主义角度，我们将会讲到另一个永恒的观念和另一个重要的、令人意外的人文主义思想家——尼可罗·马基雅维利。

第 4 章

当今世界什么奏效

乔治·弗雷德里克·多里奥特是一位杰出人物。他在法国出生，之后成为美国公民并在哈佛商学院授课。他曾在第二次世界大战时期作为美国陆军准将负责进行军事规划，在这之后成立了美国研究和开发公司。该公司是美国第一家重要的风险投资企业，因此多里奥特作为"风投之父"广为人知。[1] 同时，他还因为自己的实用智慧而闻名。比如，多里奥特经常给管理者这样的建议：如果你不得不从带有好的行动计划的伟大策略和带有伟大行动计划的好策略中选择的话，你应该选择后者。[2]

总之，对于多里奥特来说重要的是什么起作用。他曾经说："没有行动的话，我们的世界到现在还只是个想法。"[3] 这种思考方式是我们将要讨论的第三个重要问题的基本前提。第三大问题是：在现实世界中什么是有效的？当然，对于管理者来说这个问题完全是意料之中的，除了"现实的世界"这个部分。这些话来自尼科洛·马基雅维利。他是在说面对困难的决策时，领导必须求真务实，不要让理想主义影响自己的思考。

从人文角度来看待困难的决策，马基雅维利提出的观点似乎看起来很奇怪。他确实是一位人文主义者，但是他的观念被广泛诟病。马基雅维利在文艺复兴末期住在佛罗伦萨，他作为高级政府官员为美第奇家族工作，于是他深知什么是政治和领导力。他还是个多产的作家，最有名的是有关政治领导力的著作《君主论》（*The Prince*）。这本书在被广泛阅读、议论的同时也饱受谴责。

马基雅维利还因为表示为达目的可以不择手段，以及这些手段可以是欺骗、背叛或者毒酒和短剑而知名。英国历史学家托马斯·麦考莱在记载马基雅维利的思想时先警告称："我们怀疑有文字记载的历史中是否有哪个人和我们现在要说的这位一样如此令人生厌。"[4]

那么马基雅维利是否能和约翰·斯图亚特·穆勒、孔子、亚里士多德和托马斯·杰斐逊比肩呢？一个从历史角度来看令人厌恶的观点要怎样指导高效、负责的决定呢？这些令人厌恶的观点看起来需要认真思考，直到我们提出其他印证这个观点的问题：如果马基雅维利所说的事都是生活中那些道德败坏的行为，那么我们今天还能知道马基雅维利吗？这个观点在500年来很少得到赞誉。

马基雅维利一定也告诉了我们其他一些事，这些事能解释为什么他的指导言论能够延续几个世纪。那么他的观念在有关权力、决策和责任的历史对话中做了哪些贡献呢？他对正面临灰度问题的管理者又有什么建议呢？

现实的世界

这个问题的基本答案是：马基雅维利相信，如果你肩负重要责任，你就必须避免掉进你所幻想的世界这个陷阱。你必须睁大双眼看看实际情况下的世界。这就是说马基雅维利不会鼓励你参考上两章的指导建议，因为它们过于乐观和天真。[5]第一个指导建议要求我们做对每个人都最好的事，第二个指导建议要求我们关注自己的基本义务。在一个有道德的、稳定的、可预测的世界里，这些都是很好的建议，然而这样的世界有时不是我们实际的世界。

正如马基雅维利所观察的那样，我们所生活的世界有三个特点。第一，这个世界是不可预测的。完美的计划可能变得很糟糕，糟糕的计划有时却行得通。第二，这个世界通常是一个非常麻烦的地方，发生的事情往往不受我们控制。即便是领导也只有

很少的自由、有限的资源，有时要面对痛苦的选择。第三，实际
情况下的世界可能非常混乱危险，因为追求自己利益的个人和团
体深深地影响了这个世界，这些人有时候笨拙，有时候带着历经
磨炼的策略和技巧。在实际世界中，马基雅维利警告我们：不管
在任何条件下，一些想要坚持将自己的事情做好的人常被那些并
不怎么样的人摧毁了。[6]

　　这不是个令人舒服的画面，但是它描述了大多数管理者经
历过的场景。比如，几年前，一位 27 岁的在线零售商管理者迫
于上司的压力要更改即将上交的某位职员的绩效评估。这位管
理者名为贝琪·弗里德曼，她负责管理一个小型高产的 14 人在
线服装销售团队。整个团队都处于高度的绩效压力中，除了一个
人——泰瑞·弗莱彻，他根本没有做好自己的工作。

　　弗莱彻是在公司成长迅速、前景大好的时期被雇用的。他是
几名高管的好友，还教其中几个人潜水。在工作面试过程中弗莱
彻表现得很糟糕，但是他因为和高管的关系得到了这份工作。弗
里德曼的前任上司在评分时给了他 3.5 分，满分为 5 分。这按理
来说意味着他表现得很好，但是实际上这可能是因为他的上司不
想得罪高管。

　　弗里德曼接任管理者后，她给了弗莱彻几次机会提升自己的
技能并为团队做贡献，但是这些他都没能做到。大多数其他队员

不是有很强的软件技能就是有充分的工厂经验，而这些弗莱彻都不能很快掌握。

弗里德曼决定实事求是地给弗莱彻的表现打分，给他 2.5 分，同时决定让他加入 PIP，就是所谓的"职业提升计划"。许多公司都有 PIP，但是对于弗里德曼的公司来说，这个计划就是用来解雇员工的借口。在未来的 6 个月内，弗莱彻的工作将接受严格的审查，如果他在此期间犯了一个错误，他就会被解雇。2.5 分的评估结果加上 PIP 项目考察基本就是这个公司给员工下的"死刑宣判"。

当其他人听到弗里德曼的初步决定后，两个公司的副总裁跟她见了一面。他们问"发生什么事了""你确定是这个分数吗？弗莱彻之前一直得到 3.5 分"，以及"你真的知道你在做什么吗"。当弗里德曼告诉他们弗莱彻并不适合这份工作时，他们表示真正的问题可能出在她的管理技能上，而不是弗莱彻的背景问题。在这次会面后，弗里德曼深知她所面临的问题是有重大利益的政治问题。

与此同时，她还有其他的担忧。弗莱彻比她大 15 岁，这使他们的关系变得很尴尬。她后来说："弗莱彻似乎不能很好地平衡自己，他很多事都做得不太好。"她知道他车里有把猎枪，因为他有时会在下班后或者周末进行定向射击。对于弗里德曼来说，唯一好的一点在于弗莱彻给自己的表现打了 3 分，这说明他知道自己做得不好。

弗里德曼的做法并不会让马基雅维利感到惊讶。她的公司自命为高标准的精英领导团队而且重视顾客需求。这也是当弗里德曼加入公司时被告知的，也是她所希望的。但是相反，她发现在公司内部有几个位高权重的人只关心自己和他们的朋友，会算旧账还会给其他雇员施加压力让他们服从。结果，即使弗里德曼想要给弗莱彻应得的分数，她知道这样的政治现实也只能让她与自己的想法背道而驰。

从本质上来讲，第三个为面对灰度挑战的管理者提供的问题，是在问他们是否意识到他们生存的世界以及所做的工作是不可预测的、受限制的、会被个人或者团体因为自己的利益扭曲的。这个问题使得管理者反观自身，他们是否准备好必须要做的——满足依赖他们的某些利益相关方的利益、保护自己并实现自己的目标。

人性、现实主义、实用主义

第三大问题和前两个一样，很容易被滥用或显得不重要。正如我们会看到的那样，由于被滥用，这个问题变成了追求简单的短期个人利益。这个问题可能会因为被归为那些宣扬怀疑和不信任的俗语的行列而变得不重要了。比如，马克·吐温曾写道："每个人都是月亮，永远不会把自己阴暗的一面展现出来。"[7] 2000年前，罗马哲学家、政治家、法学家马库斯·图留斯·西塞罗曾表示："在你信任一个人前，你要先深入了解他。"[8] 另一个被广泛引用的名言这样说："听来的全都不要信，看到的只能信一半。"[9] 这些都是合理的名言，但是它们并没有说清楚第三大问题要求你思考什么。为了掌握这些，你需要从实用主义角度更深刻地理解这个问题。

第三大问题深深地根植于东西方思想传统。事实上，其智慧起源可能比净结果和基本义务还要久远。从根本上讲，这个问题是在问你怎样看待人性：人性主要是善良的还是邪恶的？

马基雅维利没有探讨过生物学和进化论，但是第三大问题从其最深层次来看和这两门科学发现的结果是一致的。正如我们所知，人类这种生物天生带有合作的本能，但是我们也在很大程度上追求自我利益。诗人阿尔弗雷德·丁尼生在其著名的诗句中展现了这一特性："自然界充斥着腥牙血爪。"[10] 换句话说，我们可能是天生的伙伴，但是我们也是天生的杀手。所有的社会都面临着大男子主义这样的问题。根据人类学家研究，这些灵长类或者说人类生物被驱使获取、扩张、主导和征服。对于人类来说，他们的天性在于追求和保护自己的利益。[11]

从另一个更深层次的角度出发，马基雅维利的思想很意外地与伟大的宗教传统产生了共鸣。他最伟大的著作《君主论》在本质上是无神论的，这本书直白地揭露了原罪、神圣的法则和救赎。但是马基雅维利有关人性的观点，完全与长久以来从宗教角度来看的人性相一致，这种人性是可塑的、容易被收买的。

比如，在"旧约"开篇中亚当和夏娃违背了"上帝"的规定吃了禁果。他们的一个儿子该隐继承了背叛、欺骗的本性，杀了他的哥哥亚伯。《圣经》之后的书都描述了不管作为普通人还是统治者、个人还是团体都有的弱点、邪恶、背叛和残酷，除非全能、全知的"上帝"有清晰的法令和残酷的惩罚。其他的宗教传统也有类似的观点，例如，古印度传统有一句名言："人类要不停地经历分离、孤立和孤独。结果，我们的社会充斥着犯罪和危险的矛盾。"[12]

古代世俗文章针对人类提出了一个与上文类似的观点。可能有关高效领导最有名的中国典籍是约公元前 500 多年成型的著作《孙子兵法》。该书的作者孙子是一位哲学家，所以他能深刻思考基本问题，他同时也是一位将军，所以他也理解有关领导力的实际挑战。孙子写这本书的目的是给军事领导提供建议，但是在亚洲和西方其他领域的人也将他的方法作为有效实用的建议。

孙子将世界看成战场，成功地获得胜利需要有预见力、策略、计谋、适应力以及心理敏锐度。所以马基雅维利同意他的意见，这也就是第三大问题所强调的内容。[13] 比如，他告诉读者：

> 要非常微妙，甚至可能没有形状；极其神秘，甚至可能没有声音。因此你可以成为你对手命运的主导者。所有战争都以欺骗为基础。因此，当我们有能力进行攻击时，我们必须佯装不能；在使用武力的时候，我们必须表现得不是很积极；当我们接近敌人的时候，我们必须让他们相信我们还离得很远；当我们离得很远的时候，我们必须让他们觉得我们离得很近……这就是精妙和秘密的艺术！[14]

在现代，我们在看待那些试图创造出最好的政府模式的注重实际的思想者时也抱有类似的观点。他们呼吁寻求公开透明、权力制衡、抗衡势力以及其他能够制约政府、统治者和政治家行为的方法。依据马基雅维利现实主义的精神，他们试图设计出一个能够保护我们免受自己和政府迫害的政府。他们不是在天真地尝试压制自我利益，他们只是希望能够给予自我利益积极的引导。17 世纪意大利政治家、哲学家、历史学家詹巴蒂斯塔·维科曾写道："立法是出于人应该成为的样子考虑的，目的是让人在人类社会中起到好的作用。由于凶猛、贪婪和野心这三种恶行，人类创造了军队、商人和统治阶级，并因此有了国家的力量、富有和智慧。这三种恶行能够令地球表面的所有人类被摧毁。"[15]

目前一种深刻的思想贯穿了当代生物科学、宗教、政治传统以及马基雅维利的世界观，实际上它是这样说的：仔细观察人性，看看它真实的样子，不要欺骗自己。你身边有些人是自私的、冷酷理智的、有策略的。在世界的游戏中，他们为自己并只为自己而战，这样的人是危险的，因为他们知道怎么玩这个游戏。然后还有另外一种人，他们也在追求自己的利益，但是他们的方法是没有远见的、笨拙的、没有效率的。最后，还有一些人多多少少有着完美的性格并会试图做正确的、理智的事情。所有这些类型的人就在我们身边，不论他们是完全属于欺诈型的人、迷茫笨拙的人还是大多数人。他们不断地行动、反应、竞争、操控并施展计谋。这就是世界的实际样子。

可能在所有马基雅维利的思想中最深刻、最富有挑战的就是，我们周围这个混乱、不确定并且危机重重的世界为在组织中负责做困难决策的人创造出了道德责任。他们不得不勇往直前地面对人性的艰难事实，如果不这样做的话，他们很容易失败并伤害那些依赖他们的人。

哲学家斯图亚特·汉普希尔简要并有力地阐述了这一观点。他写道："道德清白的安全性以及他们能够掌控自己生命的自由取决于统治者在运用权力时有清晰的头脑。如果他们的统治者太弱、过于小心翼翼、太没有经验，那么他们单纯地追求好事的设想早晚会破灭。"[16] 这就是说，当你用自己的方法解决灰度挑战时，你必须有能力回答这个问题：我是否有真的行得通的计划？或者我是不是会让依赖我的人失败，同时自己也深陷危机？

如果你在过自己的生活，那么马基雅维利不会介意你和其他人是否会忽视他的教训。但是一旦你担负起别人的生命或者财产的责任，你就必须真实地看待这个世界——在这个世界里什么事都会发生：好的和坏的、邪恶的和高尚的、激励人心的和卑劣低贱的、有计划的和杂乱无章的。

实际指导：弹性测试的五个步骤

从实用的角度考虑，当你不得不做出困难的灰度决定时，上述的世界观意味着什么？对于贝琪·弗里德曼来说，她需要找到方法平衡处理泰瑞·弗莱彻的问题，和来自上司的压力，那么这个世界观指什么呢？基本答案在于，当你思考解决灰度问题的方法时，你应该问自己这个问题：我的计划适应性如何？我自己的韧性又怎么样？

有五个步骤通过时间检验的思维方式，能够帮你回答这些问题。每个步骤都根植于有关世界和我们身边的人的现实主义这一悠久传统，而这一角度也是马基雅维利所明确阐释的方面。

画出相关权力和利益的领域地图

这个指导建议是告诉你，你必须好好想想谁要什么东西？他们有多想要这个东西？他们的权力有多大？不管你喜欢与否，你几乎总是被权力和利益的压力场环绕。你必须弄明白这个压力场和它所制造的选择及危机，这会帮助你预见其他各方的情况，于是你就能更有效地应对它们了。同时，它还能帮你制订一个适用于所有可能的计划。

当你尝试画出权力和利益的领域地图时，你要确保自己努力并切合实际地考虑了自己的利益。如果你不这样做，可能也不会有人帮你考虑。管理不是烈士的工作，如果你想长期做贡献，你必须先在短期内生存下来。如果你没上桌玩游戏，你就没法影响游戏局面。马基雅维利清楚地明白这个道理，并直截了当地表述了出来。他写道："在社会没有地位的人，狗都不会朝他叫。"[17]

在贝琪·弗里德曼的案例中，这种分析非常直白。从个人角度考虑，她喜欢自己的工作并想要继续任职。但是她的上司不想让弗莱彻拿到不好的评估，同时他们可以通过各种手段让她和她的团队遭受折磨。最糟糕的情况，他们可能会强迫她离开公司。

吉姆·墨林也被权力和利益的压力场围绕着，但是这要远比弗里德曼的例子更为复杂。比如，只考虑其中一个因素：美国食品和药物管理局。该机构会对墨林采取的任何应对那他珠单抗的措施起到重要的作用，同时它还监管着百健艾迪产业的方方面面。从原则上来讲，美国食品和药物管理局是一个中立的、独立的、以科学为基本的药物安全仲裁机构。但是实际上，它也是一名参与复杂又充满高风险的金融和政治竞赛的玩家。管理局有很多精力充沛、组织良好的反对者，有些人批评它在新药物的审核上进展太慢，另外一些人认为它成了大型制药公司的奴隶。在那他珠单抗事件发生之时，管理局刚刚结束了万络事件的噩梦。万络是一种治疗急性痛症的药物，但是它令几百名患者死亡并导致患者出现严重的心脏问题。管理局先是通过了万络的审核，后来又尴尬地将审核撤回，所以它现在急需重建自己的威信。

同时，墨林深知美国食品和药物管理局很快会被多发性硬化症患者及其家属、立法者、医生和其他想要那他珠单抗保持疗效的人包围，他们可能会导致很有影响力、令人心痛的事件发生，因为多发性硬化症患者遭受了太多痛苦，他们急需要更好的治疗办法。投资者、竞争者、关键雇员和其他团体也都对墨林所做的事情非常关注，所以墨林相当于在一盘复杂的棋局上挪棋子。

在这样的情况下，理解权力有时候就意味着要准确地看清楚你和其他人能够运用的蛮力（"硬"权力）是什么。在弗里德曼的案件中，她深信自己的上司能够解雇她或者强迫她离开公司。在墨林的案例中，硬权力包括很多方面，比如像食品和药物管理局这样的管理机构就能让公司的命运变得一团糟。[18] 然而，在大多数情况下，复杂的团体在很大程度上依赖的是"软"权力。它们无形地间接进行操作，轻轻地推动和诱导，而不是进行恐吓。它们精心组织着感觉、压力和诱因。有时候，软权力也会展现一点柔弱外表下的武力，但是实践软权力的人通常更喜欢通过其他方法提升自己的利益。

这些考虑从一开始就对你为处理灰度问题所创造的过程有影响。在你决定要谁参与你的过程以前，你必须先了解他们的议程是什么？他们的影响有多大？所以第一条实用建议就是告诉你要多花点时间、多思索和多想象，认真从实际和政治的角度敏锐地思考一下权力和其他团体的利益。通过这些你能了解到，你是否在雷区内作业以及哪里埋着地雷，使你的计划变得更为实用。

保持诚实、灵活、把握机会

第二条建议描述了对穿过复杂危险的政治地域最有帮助的思维定式。马基雅维利通常被理解为愤世嫉俗的人，但是实际上他并不是。总是愤世嫉俗的人有时候也是对的，就如同停摆的钟一天也能对两次一样。但是因为他们是警觉的偏执狂，总是畏缩着等待灾难到来，所以他们总会错过机会。像停摆的钟一样的乐天派有一个类似的问题：有时候他们的抉择是绝对正确的，他们的事情也处理得很完美，但是他们也能自信满满地一头撞进墙里结果什么都没剩下。

理解这个世界的真实模样意味着你要仔细、灵活并适时地把握机会去思考。为了变得更加有韧性，你必须在遇到的危险和机遇中适应、运用计谋和坚持下来。我们并不能对未来的事件进行权力和利益的估算。机会和干扰一样，有时非常难以预测，所以你必须对你能够掌控和理解的事情谦虚谨慎，甚至要有点卑微。第三大问题背后隐藏的智慧历史悠久，是由文艺复兴时期的随笔作家蒙田所总结的有关生命的观点，他将其刻在了自己的项链上。话说得很简单："我了解些什么？"[19]

处理凯西·汤姆森事件的管理者不知道她自己真正的问题是什么。吉姆·墨林不知道那两个进行性多灶性白质脑病案例是完全偶然的巧合还是糟糕的冰山一角。贝琪·弗里德曼知道上司想要她偏袒泰瑞·弗莱彻，但是她不知道他们会多么激烈地坚持这件事或者怎样打击报复她。这些都是很极端的情况。实际上，这些都是管理工作基本特点的简单实例。哈佛商学院的教授罗兰德·克里斯坦森用自己毕生的精力研究管理工作，他是这样描述任务弹性的要求的："优秀的管理者的独特之处在于他具备能够有效领导组织的能力，他可能不能完全理解该组织的复杂性；其在组织内部直接控制人力和物力的能力非常有限；而且在这里他必须做出、回顾并设想出目前决策的最终责任，而这些正是有关不确定的未来主要的具体资源。"[20]

马基雅维利和其他许多伟大的思想家都认可这一观点。比如，马基雅维利将命运比作河流。[21]生活和工作在一段时间内相对平静，但不可预测地会经历一段段令人惊讶、危险的动荡。20年前，没人能预料到互联网能彻底改变我们的工作和生活，为各式各样的公司创造非凡的机会。10年前，很少有人能预料到经济危机让世界再次陷入经济大萧条的边缘。

贝琪·弗里德曼对泰瑞·弗莱彻事件的解决办法是一个典型例子，有关人或事件会怎样经历不可预测的曲折事情。弗里德曼决定尝试与弗莱彻进行沟通，她告诉弗莱彻自己已经明确决定给他 2.5 分。弗莱彻立刻反对，并表示这不公平。接着，弗里德曼补充说她并不会让弗莱彻接受 PIP 项目计划，因为她认为这样做会令弗莱彻有失体面。她建议弗莱彻好好想想最近部门雇用的新人，他们都有很强的技术技能。她补充说身边都是这样背景的人，弗莱彻是不会感到快乐或成功的。她接着还建议弗莱彻在接下来的几个月，在做自己工作的同时好好找找别的工作。

当弗莱彻露出微笑、表情放松并表示会考虑她的建议时，弗里德曼很惊讶，然后松了一口气。显然，弗莱彻已经对这个建议感兴趣了。在接下来的几周里，弗莱彻在公司内部和其他地方寻找新的工作，不久以后他就在另一家公司找到了一份不错的工作。

这个结果很容易被曲解成仅仅是凭借运气。正如马基雅维利和其他古典作家所想的那样，弗里德曼确实有点运气或者说命运女神对她露出了微笑。但是一个彻头彻尾的愤世嫉俗者可能根本就不会尝试弗里德曼的方法，他只会选择那些让老板想把他开除的解决办法。天真的乐观主义者可能会忽视上司的威胁，不与弗莱彻进行沟通直接给他 2.5 分。幸运的是，弗里德曼是个实用主义者，她为意外情况进行了充足的准备并充分利用了实际发生的事。她无从知晓与弗莱彻进行商谈是否有效，但是当她建议弗莱彻换工作时，弗莱彻露出了微笑。弗里德曼仔细观察着他的反应，抓住时机并充分地利用了这一机会。

保证过程灵活推进

处理灰度问题时，画出权力领域并依赖于灵活的思维定式是很重要的。但是过程也很重要，甚至有时候起着关键作用。过程通常意味着会决定你和谁一起工作，以及每个人会怎样工作。第三大问题会帮助你避免在做决定时过于天真。它告诉你不要把过程看作使用有条不紊的、一步步进行的方法来和其他人一起得到信息和分析。你需要灵活的过程，它能够根据你遭遇的意外来调整适应进行改变，比如不期而遇的机会和突然触发的政治地雷。贝琪·弗里德曼处理泰瑞·弗莱彻事件过程的第一步就是这个方法的经典例证。她先从与弗莱彻进行低调的、在自己控制范围内的商谈开始。如果这样做行得通（就像实际情况一样），弗里德曼就躲过一劫；要是行不通，弗里德曼就得换个别的方法。

在得知进行性多灶性白质脑病的相关消息之后，吉姆·墨林采取了一个类似的办法，不过他所面对的问题要远比弗里德曼的更复杂、更加不确定，并受政治影响。他立即告知美国食品和药物管理局、海外监控组织以及百健艾迪董事会有关进行性多灶性白质脑病的事件。接着，他和他的高管团队花了一周时间在全世界范围内搜集进行性多灶性白质脑病的相关信息，尽最大努力掌握其对患者的潜在危险有多大。墨林不知道这一周的努力能否为新药和罕见疾病之间的关系找到证据，但是像弗里德曼一样墨林决定先了解情况以免过度决策。

一旦他了解更多或者发现自己并不能很快了解情况，他就会寻找其他解决办法了。但是这个方法可以避免不成熟的决定，以防削减药效信心、在患者之间造成恐慌并对公司造成伤害。同时，这个方法还让墨林和他的高管团队有时间评估各种可能发生的情况，并准备好假如这些情况变成现实，百健艾迪可以采取的解决方案。

最终，吉姆·墨林开始了长达一年的过程。在他收集好信息的一周后，墨林和他的高管团队决定暂时停止配发那他珠单抗，而不是将其永远撤出市场。这让他们有机会重新推出药品，当然这取决于他们能够得到更多什么样的信息，以及他们能够创造出什么样的保护措施。从某种程度上讲，暂停配药对硬化症患者、医生和想要那他珠单抗有效的美国议会来说是可以接受的。

一旦有了喘息的空间，为了让那他珠单抗再次生效，墨林就能开启长期复杂的过程了。这个过程包括来自全世界的多发性硬化症和进行性多灶性白质脑病专家、几个国家的药物监管组织，对每个服用那他珠单抗的病人的严格医疗记录审查，对治疗过多发性硬化症的医生和其患者的广泛调查。最后，百健艾迪就能拟出草案找出哪些患者有患上进行性多灶性白质脑病的风险，并竭力帮助他们的医生对其进行监控。

这一过程的结果并不理想，它伴随着很多灰度挑战。到2014年年底，超过10万名患者服用了那他珠单抗，但是大约500名患者患上进行性多灶性白质脑病并导致其中100人死亡，其他人也有不同程度的残疾。[22] 然而，与此同时成千上万的多发性硬化症患者从病痛中解脱。但是没有人能在两例进行性多灶性白质脑病症发生后几周就预测到这一结果。在寻找实用、能被接受的完美医疗解决方案过程中，一个灵活有韧性、精心规划的过程是非常重要的。

准备好打一场硬仗

有时候管理者会遇到马基雅维利所说的"必要性。"[23] 在这些环境下你无从选择——如果你想要解决困难的挑战，你就必须负起责任避免牺牲。在这样的环境下，韧性就意味着不管有多么明显的阻碍都要继续前进，有时候这意味着要打一场硬仗。你可能需要用令人感到不舒服、过于激烈的方式维护自己的权威、使用自己的权力。

如果艾伦·福伊尔施泰因从长远考虑，保住部分工人的工作而解雇一些人、关闭部分工厂，他将会严重损害那些被解雇员工的利益，因为他们没有什么别的谋生选择。福伊尔施泰因还会认为自己打破了对他的员工个人和家庭的长期承诺。但是福伊尔施泰因没有采取这些困难的选择，相反他没有伤害任何人，但是结果是灾难性的。

贝琪·弗里德曼采取了一个不同的方法，并和泰瑞·弗莱彻打了一场硬仗。在他们商谈最初，她告诉弗莱彻自己决定要给他

2.5 分，并且心意已决。当她告诉弗莱彻自己决定不让他参与职业提升计划时，她明确地提醒了弗莱彻自己是有权力的。弗里德曼没有质疑自己上司的身份。在弗莱彻反驳抗议的时候她也没有动摇，同时她还明确表示不管弗莱彻和公司高层有什么关系，自己有权威决定弗莱彻的未来。

但是弗里德曼的策略中还有更多的内容。她认识到这场硬仗不一定必须用到大棒，也可以采取温和的形式进行。注意她反复地说"我是你的上司"和"我想要帮助你"这样的话。比如，弗里德曼明确表示自己能够让弗莱彻参与职业提升计划，但是为了不让他感到尴尬丢脸，决定不让他参与进去。然后，她让弗莱彻看看组织内部，自己判断一下是否有成功的可能。显然弗莱彻仍旧在弗里德曼的监管范围内，弗里德曼清楚地知道自己想要达到什么目标——让弗莱彻离开，她也知道自己想要避免什么事情发生——她的上司给她带来麻烦。于是她选择以朋友的姿态，给予弗莱彻支持和建议，同时还清楚地提醒他自己有什么硬权力。

不管你怎么打这场硬仗，感知都起着关键性作用。如果你想在真实世界里有效率地工作，你必须认真考虑一下其他人是怎么想的。在弗里德曼和弗莱彻商谈的同时，感知就发挥着作用。当人们对你所说所做有所反应之后，感知仍旧发挥着作用。在人们的这种反应互相流通交换的同时，你的可信度、权威力和权力就会被随之增强或者削弱。当然，在理想的世界和最好的组织里，物质是统治感知的。但是在现实世界中事实并非如此。关键问题不在于你说了什么，而是别人听到了什么、思考了什么、感觉到了什么、记得什么和会做些什么。

打硬仗和管理感知都会让你觉得不舒服——它本该如此。大多数人不想在这样运行的组织里工作。马基雅维利相信，领导者最好要诚实、开明并且品德高尚。但是他补充道，如果他们想要更有效率地生存并担负起自己的责任，有时候他们需要做一些必要的事。如果他们过于小心谨慎，那么他们崇高的目标不过比多情的祝福卡片好一点，这个世界还是不会改变。

不要给自己找借口

最后一条建议是最简洁的，但是从根本上来看也是对管理者最重要的。我们很容易曲解第三大问题，把它看成建议我们谨慎行事、抄近路或者当事情变得困难时寻找最近的出口。然而，这样的观点完全曲解了这个问题中现实、实际的方面。

马基雅维利一个有名的观点是幸运更喜欢勇敢的人，他的著作《君主论》可以说是对他那个时代实业家的颂歌。[24] 有一些是商业实业家：佛罗伦萨的美第奇家族创造了当代全球银行的要素，但是文艺复兴时期真正的实业家重新思考、重新塑造并改变了这些历史悠久的机构和相关内容。[25] 从总体上来看，这些文艺复兴时期的实业家是负责任的，他们对我们当代的艺术观念、政治、社区、政府、个体和宗教理念都有影响。

现实主义不是宿命论。不是说你什么都做不了，为保安全只能站在一边。相反它是说你必须问问什么才是奏效的——你是否思考并运用坚持、奉献精神、创造力、承担风险的意愿、智慧以及政治上恰到好处的时机来行动。不论是贝琪·弗里德曼还是吉姆·墨林，都没有任何保证能够确保他们的努力能够有效，他们中的一个人努力了几周，而另一个人则是持续了几年。但是，如果他们没有全面思考、精心计划地向前迈进，他们永远都不会成功。

实用的每日工具

我们现在已经检验了三个伟大的人文主义问题——一个关注结果，一个关注义务，而最后一个关注困难的现实。每个问题都经历了时间的考验，每个问题都为我们应对灰度挑战给予了清晰、实用的暗示。那么我们现在有多大的进步了呢？这三大问题是否已经给我们提供应对灰度挑战需要的工具了？答案是我们已经有了良好的开端，但前提是我们必须通过正确的方法运用这些问题，并意识到它们能做什么和不能做什么。

这三大问题是激发、锐化并提升你判断力的工具。但是它们不是你在高科技实验室里能看到的那种工具。那些工具是复杂的精密仪器，是为了专家在严格控制的条件下进行实验所设计的。相反，这五大问题更像是我们每天的工具。它们是基本的、通用的工具，并需要在特定方式下运用。

首先，如果你一起使用这些工具它们能发挥最好的作用。这样做将能够帮助你更好地掌握灰度问题的复杂性。例如，贝琪·弗里德曼就考虑过这些结果：留着弗莱彻会对她的团队表现有何影响？她还考虑了自己的义务：她是否能够找到维护弗莱彻尊严和人格的解决办法？同时她还必须要实际：她怎样才能处理好来自老板的明显压力？显然弗里德曼需要结合使用这三大工具来真正理解自己面对的挑战。

将这三大工具结合使用能够帮助你缩小选择范围并关注自己的分析。这就是这些问题能像漏斗一样工作的另一个方面。第一大问题能够引导你排除一些选择，因为这些选择的成本和危险性要超过其带来的益处。当你问第二大问题时，你可能又会拒绝一些选择，因为它们违背了你的基本义务。然后，第三大问题可能在你不知情的状态下，帮助你再放弃一些选择。

如果你不将这三大工具一起使用的话会发生什么呢？你将会面临忽视非常重要的事情的风险。每个工具分开使用都是不充分的，可能会产生误导甚至很危险的——就相当于处理所有家务都用锤子一样。如果你只关注结果你就会忽视自己对其他人的义务；如果你只关注义务又意味着忽视了更大更广范围内的结果；同时，如果你只关注什么会起作用，你就会从小动作或者恶劣行为中越过用来区分怀疑主义、实用主义和现实主义的模糊不清的界限。总之，要一起使用这三大问题的一个重要原因就是，它们能够互相平衡、互相弥补并纠正彼此的错误。

虽然有这些优点，但是这三大工具还是不够的。在你寻找解决灰度问题的方法时，它们有时候会给你指出一个充满冲突矛盾的方向。结果和义务彼此冲突，而它们又都与实用主义的考虑相矛盾。同时，每个观点本身又充满矛盾。比如，吉姆·墨林和百健艾迪应该更关注多发性硬化症患者的生命和权利，还是有患上进行性多灶性白质脑病危险的病人的生命和权利呢？

对前三大问题的暂时判断是它们都很重要、都很有用，它们能消除大量灰度领域，但是这还不够。最后，为了完全解决灰度挑战，你还需要询问和回答另外两个基础问题。

第 5 章

我们是谁

1956 年，威廉·怀特出版了《组织的人》（*The Organization Man*）。这本书成为 20 世纪有关商业最重要的研究著作，其观点至今仍塑造或扭曲了我们对组织的看法。这本书描述了在人身上发生的事，尤其是那些毕生都在统治着美国经济的大公司工作的人。怀特认为，他们变成了巨型机器中的小齿轮。结果，他们的生命就被压缩、挖空变得一文不值。[1]

怀特的书强有力地说明了生活的危害，但是这只是冰山一角。现实情况是，我们几乎每时每刻都被组织包围着。我们从家庭开始自己的生活，这也可能是我们最长久的组织。我们在组织内工作、玩耍和购物。因此，我们所有人都普遍不可避免地成了"组织的人。"

这个事实可以从一个古老的非洲谚语中被证实。它是这样说的："我与我们同在。"这个观点涉及范围很广。它既包含了怀特有关组织对我们做了什么的观点，他认为组织和团体会限制、损害和约束我们。同时，这句谚语还提醒我们组织为我们做了什么——提供基本需求，满足愿望和需要并开创机会。但是这句谚语表述的还有更多，它掌握了一个有关人类境况的基本特点，这一特点与面临灰度决策的管理者有直接关系。[2]它告诉我们组织和社区规范了我们是谁，并通过深刻而决定性的方式塑造了我们要做的事。

第四大人文问题就是让面临困难决策的管理者将自己看成已经融入周边环境的个体。然后，它鼓励管理者寻找其他的选择，这些选择能够反映、表达他们所属的社区，并对其规范和价值进行现实的反馈。

神秘的记忆之弦

为了理解第四大问题问的是什么，我们需要转换一下我们的思维定式。之前的每一大人文问题都假设世界是由自主的个体所组成的。从这个角度看，我们每个人都是独立的代理人、自给系统、独立的细胞生物。前三大问题都做出了这样的假设：每个人所做的会有什么结果，我们每个人都有义务，而且我们都追求自己的利益，像台球一样相互撞击。当然，这是一个非常完美自然的思考方法。我们所有人都了解自己的思想，我们有做决定的直接经验，同时我们表现得就像自主的物质生命一样。

相反，第四大问题将个体和自主性放到了一边。它表示我们是深刻的社会生物。我们的关系让我们陷入了期盼、承诺、日常惯例、禁忌和渴望相互交织的网。简单地说，就是关系、价值和规范让我们成为我们本身。当然，这是一个范围很广又很抽象的说明。为了通过具体事件来说明它的意思，我们将会介绍纷繁复杂、充满戏剧化的情况。它是经典困境的一个变体，由威廉·葛德文所推广。威廉·葛德文是 17 世纪小说家、记者和政治哲学家，他可能因为是《科学怪人》(Frankenstein) 的作者玛丽·雪莱的父亲而为人熟知。[3]

假设你走在街上，正享受着舒适的天气。但是你突然闻到了奇怪的味道，当你走到街角时，看到一个大楼起火了。接着，你看到三个孩子在大楼里。你相信你能不受伤地救下他们，于是开始向楼里跑去。但是接着你又发现大楼里还有另一个孩子自己站着，而且这是你的孩子。火势非常危急，你只能在大楼倒塌之前进去一次。你会怎么做？你会救下三个孩子还是你自己的孩子？

前几章的三大问题似乎都会给出相同的答案。从结果角度来看，三条生命要大于一条生命。从义务角度来看，所有孩子都有活下来的权利，所以你有很强的义务去救那三个孩子。从在现实世界中什么有效的角度来看，救一个孩子和救三个孩子似乎都可行。所以前三大问题看起来是在说你应该救三个孩子然后留你的孩子面对死亡。但是这个逻辑看起来是有误的。

从一方面来看，这会陷入平行哲学争议的恶性循环，让我们理性地永远追着自己的尾巴跑。从长远的角度来看，如果人们把自己的家庭放在第一位，净结果对每个人都是适当的。可能有争议认为我们对家庭成员的义务要远超对其他人的义务。可能你对救其他孩子没有义务，这样的话你就可以放心地救自己的孩子了。在所有可能的情况下，其他的争议都会被费劲地塑造成这样，为了给大多数父母急切地想要做的选择辩解：跑进大楼救自己的孩子。但是这一波三折的分析看起来是没有必要的，我们用极度理性的分析只不过在证明每一位父母都明白、能感觉到的简单的真相。

实际上，需要复杂的理由为保护自己亲近的人辩解，这样的做法是不对的。支持家庭、忠诚父母、为亲近的人牺牲的人并不需要做这些辩解，因为这是他们的责任或者说这样的行为能使社会的净结果最大化，这些高度分析、解决问题的理性方法能让人类退化成单线条生物。我们真实的人性并不是我们现在这样的，那样做的话我们会抛弃重要的关系，并被看成是只考虑结果和义务的思考机器。对大多数人来说，照顾自己的孩子不过是父母应该做的事。这也是他们在大多数时候表现出来的样子。

为什么关系如此重要呢？部分是因为关系能够创造指导我们决策的规范和价值。但是关系要做得更多，它塑造了我们，它定义了我们的身份，它给了我们生活的意思、目的和结构。它直指本质，即让我们成为我们自己。[4] 换句话说，从深刻的本质角度来看，我们无疑是关系生物。

本质的关系根植于共享的过去，也就是林肯所说的"神秘的记忆之弦"。[5] 它还包括对未来共享的渴望，一种认为团队或者团队中每个人都绑在一块进行同样旅程的感觉。[6] 本质的关系不能被简化为精密的解析术语，但是这并不会让这些义务变得不重要或者不令人信服。它们被简单地放到了真相的范畴中，布莱士·帕斯卡是这样描述的："心有自己的原因，但是这个原因并不知道。"[7]

前面有一章我们批评了艾伦·福伊尔施泰因在莫登纺织厂发生火灾后所做的决定，但是许多人都能找到赞扬他的方面。在火灾之后，全国的电视采访都在展现福伊尔施泰因和莫登纺织厂工会主席以善良友好的方式互相取笑对方。这两个人很明显互相尊重、互相喜欢。采访中的几名员工也表达了同样的感情。事实上，福伊尔施泰因的外号是"莫登纺织厂内受尊敬的人（mensch）"。在日常词汇中，这个犹太单词指的是一些有高贵的品德或者"堂堂正正的人"。对于福伊尔施泰因，像之前他的父亲一样，莫登纺织厂、他的员工、员工的社区都和他的日常工作、生活、理想和自我感知紧密相连。他的关系给他下了定义。

相互依存的网

如果管理者在面对困难的决策时忽视了他们的本质关系，那么他们就不仅否定了部分自己，还否定了长期存在的人类的普遍经验。几个世纪以来，有关人性完全是社会性的观点层出不穷，通过各种形式显现。印度的《奥义书》(*Upanishads*)用一个简单的比喻对其进行了解释："就像所有车的辐条都被绑在且仅绑在轮毂和车轮边一样，每个人和所有生命、世界、呼吸和肉体都紧密相连。"[8]在西方，有关这一观点著名的简明表述是亚里士多德关于人类是政治或者社会动物的定义。[9]

在中世纪，西方传统将这一理念转化为一种世界观，名为"存在巨链"(the great chain of being)。它是说宇宙的组织形式就像一个巨大的合作组织图表。上帝负责管理各级天使。在他们之下是地球上的国王，然后是其他贵族，接着就是社会阶层。再往下也就是地下还有撒旦，负责掌管各级堕落的天使。这种认为所有生命和人性或者说可能所有的实体都是一个整体的思考方式开始在文艺复兴时期逐渐消退。对于很多人来说，现代科学的出现使这种思考方式变成了一种比喻而不是对现实的描述。

但是现在，围绕在我们身边有关"我们"的大概念仍旧充满力量，我们经常听到有关这一主题的不同版本。比如，马丁·路德·金先生为这一概念创作了一个美丽的像歌词一样的版本。在《伯明翰监狱的来信》(*Letter from Birmingham Jail*)中他写道："我们陷入了一个无法逃脱的互相依存的网，它被拴在命运织成的衣襟中。"[10] 今天大多数宗教都接受马丁·路德·金所表达的某种观点，包括无神论者。[11] 例如，阿尔伯特·爱因斯坦写道："对我来说，人格神的概念是一种人类学上的观点，对此我无法认真看待……科学一直被无尽的道德标准指责，但是这种标准是不公正的。人的道德行为应该全盘建立在同情、教育、社会关系和需要的基础上，宗教则绝非必要。"[12]

事实上，一个科学的观点是可以重申这一理念的深刻人类关联的。进化论将人类看作另一种物种，闪电或者熔岩流加热碳基物质，然后不知怎么就制作出了能够复制、存活并进化的分子，这就是人类的起源。但是即使从这个角度出发，深刻的精神和情感的联系这样的信念仍旧是可信的——这样的信念大多数是无意识的、普遍的和强有力的。

我们已经指出我们的祖先是对关系更为敏感、更倾向于合作的生物，因此他们有更大的生存机会并能将自己的基因延续下去。[13] 但是许多相关证据表明我们完全属于社会生物。比如，人类学家和其他一些人都对有关所谓的"野孩子"偶然报道进行了研究——这些孩子由熊或者其他动物养大，多年没有和人类接触。一旦这些孩子被发现，他们都很难学习语言并对与其他人相处毫无兴趣，有些甚至很难直立行走。[14] 这些报道，以及有关对在虐童组织里长大的弃孩的心理学研究，都体现出进化科学的相同结论：从我们早期，以及基本的大脑构造和发展来看，我们属于关系人。

总之，很多长期存在的科学、哲学和宗教观念都为我们指出了同样的结论。当我们做困难的决策时，我们必须仔细、敏锐地关注我们的定向关系，以及它们所创造和支持的价值和规范。用社会学家菲利普·塞尔兹尼克的话来说，我们的决定应该从一开始就注意到"是在社会里而非个体"。[15] 这是指要密切关注我们周围组织和社区的价值和规范，并尝试辨别出它们对灰度问题意味着什么。

实际指导：设计思考的五个步骤

当我们使用第四大重要问题——我们是谁，来解决灰度挑战时，它产生了严酷的挑战。关系、价值和规范都是强有力的作用力，它们塑造了我们，并定义、表述了我们最迫切的渴望，我们不应该也不能够忽视它们。但是当我们试图回答第四个问题时，我们不得不决定哪些规范和价值是最有影响的。我们必须想出当矛盾出现时哪些会冲到第一线去。同时，我们还必须找到清晰、客观的方法，告诉我们最重要的规范和价值以及在特殊情况下该做些什么。

幸运的是，有四个步骤能供你使用（每一个都反映出重要的长期存在的理念）来直面这些挑战，并好好地利用第四个问题。

不要从这里开始

第一个指导很简单，也很令人惊讶。它要求你应该在遵从标准建议之前再三思考。管理者总会听到这样的话，当他们面临困难的决策时，他们应该将自己组织和社区的规范和价值放到前面和中心位置。但是这个方法是很危险的，因为这些规范和价值都很晦涩、模棱两可。

为了降低这一风险，在开始思考灰度挑战时先关注前面几章讨论的问题是很有用的。它们经历了时间的考验，因为与其他事情相比它们是主观偏见的一剂强力解药。第一大问题要求我们注意所有可能的结果。这意味着我们要努力和他人一起全面、诚实、客观地思考所有当下情形的重要因素。第二大问题要求我们关注义务。这意味着要去问：因为其他人是我的伙伴、出于法律或我们公司所做的承诺，所以我对他们有什么义务？高度注重实际的第三大问题要求我们尽可能现实地看待危机、不确定和政治现状。

前三大问题要求你从外部客观出发，系统并真实地思考。但是这样就会将所有偏见都消除掉吗？并不会。但是也没有任何方法能做到这一点。不管我们要不可避免地做什么决定，正如尼采所说："人性的，太人性的。"[16] 但是从前三大人类所面临的问题开始思考，对于你做任何决定来说，都为创造可信赖的事实和完美判断提供了可能的基础。一旦你拥有这样的基础，你就可以从问题中先退回来，从关系、价值和规范的角度进行考虑。

关闭分析工具

对于面对困难挑战的管理者来说，回答"我们是谁"这个问题需要一种不同的思考方式。管理者往往想要分析事件，想出要做什么并开始做这件事。但是回答第四大问题意味着我们要从细微之处和复杂性中收回目光，转而去看完整的内容。这意味着你不能再运用分析，而是要寻求一个新的角度。

切斯特·巴纳德，20 世纪最伟大的系统组织理论家之一，作为伟大的思想家，事业初期他一直在运作公司。他相信了解更大的人类和组织方面的问题背景是成功的管理者一项重要技能。他将这种技能称为"感知整体的艺术。"[17] 这实际上是对公司究竟如何运作以及在组织中到底什么重要的一部分感知和一部分直觉的体验。另外还有一部分感觉，这种感觉是在组织成员中非正式的、微妙的、心理上的、情感关系的感觉。

聚焦于分析的作用会令发展"整体感知"变得很难。想一下夏洛克·福尔摩斯的例子，他因迅速的演绎分析法而出名，但是福尔摩斯做的要远比简单的观察和分析更多。他的创造者阿瑟·柯南·道尔，有时描写他无精打采地坐在自己小客厅的座椅上，抽着烟发呆，在这种时候，福尔摩斯往往是在沉思，仔细思考并寻找新的角度。[18] 福尔摩斯所做的是一种设计思考。[19] 这种解决问题的方法最近已经被许多组织所接受。这种方法很开放、灵活、放松，可以看向不同的角度，假设各种可能并避免冲动判断。设计思考是注重质量而非注重数量的，是曲线思考而非直线思考。它包括对根本的主题和出现的版本表现得机警，它还要避免快速地凭着直觉或者仔细计算好的"正确"答案，或是反过来依赖不严谨的、不加思考的方法。这种思考方法让我们的整个人性依赖于天性、感受、直觉和感性，而不是原始智力或者精密的分析。

几年前沃伦·巴菲特在哈佛商学院的一次讲话中对学生们说，要是谁智商超过 130，你们就应该把智商"分出去"。[20] 显然，巴菲特是说分析天赋是很有价值的，但是同时也能成为陷阱。为了回答**"我们是谁"**这一精妙的问题，你不能再仔细研究问题本身，而是要花时间思考一下他的背景环境。接下来的三个指导将会为你达成这个目标提供方法。每个指导都为这一思考提供了不同的关注点：你自己的利益、你组织的故事和其他你所处理的问题可能涉及的角度。

思考真正的自我利益

本章构成第四大人文问题和所有实际挑战指导源于一个激进的观点：如果我们简单地将我们想成自主行动者的话，我们可能不能真正理解我们自己的自我利益。当然，从马基雅维利的角度来看这是一个自然的思考之道，它制造了特别的感受。在他看来，我们生活和工作在一个不确定的、充满竞争力的世界。当我们和家人、朋友在一起的时候，我们想的可以不同，但是当我们离开家的时候我们就不得不提防周围的危险并照顾好自己。

但是注意这种思考方式有一个特点，它从根本上是非黑即白的。它划出了明确的界限：个人生活和工作生活；自私和无私；你的所得和其他人所得。这个双元的世界与第四大问题有着很大不同。非洲谚语中有着清晰的暗示，我们通过帮助他人追求利益来追求自己的利益，因为所有的利益都紧密地融合在一起。但是这不是因为我们和彼此紧密相连，然后做一大堆交易来满足自己的利益。这是因为我们的命运以根深蒂固的方式结合在一起。

比如，想一下家庭成员或者军队组织成员在面对战斗的时候。在这种情况下，"我们"绝不仅仅是个体的联合。在某种程度上，每个人的身份都是被团队内的成员关系所确定的。因此，从某种程度来看，对每个个体最好的也是对所有人最好的。在许多案例中，家庭成员和士兵都不能回答"我应该做什么"这个问题，除非他们也回答"我们应该做什么"这个问题。

这一视角告诉面对困难决策的管理者应该小心谨慎，不能只将自己的情况简单地设想成自己的所得就是其他人的损失，反之亦然。艾伦·福伊尔施泰因对员工和他们的社区有他个人的承诺，他没有计算他能从员工身上得到什么；而且几乎没有人会想要百健的吉姆·墨林，或者其他任何拥有相对诚信力和权力的人，以牺牲其他人的生命和健康为代价来计算自己或者组织的利益。我们的社会非常依赖那些能够理解我们共享共同利益（文明、诚信、开放和对社会有好处），并从通过努力来实现这些目标和利益中受益的领导，即便没有人能够在这些社会投资中算出自己的收获。

传统中国哲学强调阴和阳。它是说，从个体和社会更深层次的角度来看，重要的实体都是相互依赖、混杂、融合相连的。换句话说，影响我们每个人的事情也会影响我们所有人。这就建议面对困难问题的管理者需要往回退一步，花点时间问问在他们的决定中有哪些更高远、更广阔的意图是有利益相关的。最终，这可能不会成为做决定的关键因素，但是它还是可以揭露出一些长期存在的、微妙的重要方面。这些方面很容易被长期训练成看所有问题都从标准的分析技巧出发的管理者所忽视，而且降低这种风险的一个很好的方法就是依赖一个理解现实的古老方法：以思考故事的角度出发，而不是数据和分析。

考虑组织的"故事"

今天，许多组织都有信条或者任务陈述。不幸的是，它们通常都是死气沉沉的文件、装饰墙或者被保存在玻璃板下面用来铭记。尽管如此，对于面对困难问题的管理者来说，任务陈述和信条通常都是值得一看的。它的作用是提醒组织，自己曾经承诺过要实现更大目标。而且在一些案例中，信条和任务陈述能够格外有价值——如果它们是近期被创造出来或者经历了检验，并能够反映特别的关注或者真正的承诺。但是以一个更广阔的角度看问题也很重要，尤其是通过能够揭示组织的规范、价值和关系的定义来理解公司的故事。

几千年以来，人类依赖于将故事作为理解和表达"我们"是谁最强有力的方式。直到今天几乎所有人依旧享受着故事带来的益处。但是故事在组织中真的很重要吗？我们不再觅食、打猎、生活在篝火周围或者一起缩在山洞里。可能故事成了遗迹：通过迷人的、过时的迂回方式来传达应该被清晰、简洁说明的东西。我们在现代快节奏的、以现代科技为主导的公司工作。我们为什么要讲故事，而不是直入正题呢？

这个问题有几个答案，它们都能帮助解释第四大问题的实用价值。其中一个答案是，故事所传达的真理要比主张观点更为有力。它们坚持的方法是观点不会也不能做到的。故事不仅致力于我们的思想，也影响我们的心和灵魂。它们能够和我们的个人经历产生共鸣，这使它们的隐藏含义丰富而真实。故事还能给我们一种接触本质的感觉，这种感知隐藏在传统观点背后，有时候源于亚里士多德，即我们通过历史和文学感知到发生了什么。[21]

"故事以独特而充满力量的方式进行表达"这样的观点，是另一个当代社会科学、古代智慧和洞察力惊人地聚焦在一起的典例。20世纪最重要的认知心理学家杰罗姆·布鲁纳长期以来认为我们进化成以两种不同的方式塑造并掌握现实的思维。其中一种是命题式的并依赖于清晰、有逻辑的正式框架。另一种是叙述的——换句话说，就是基于故事的。布鲁纳和其他很多领域（比如法律、人类学、认知社会学）的学者都相信我们所认为的客观现实，包括被团体或者整个文化所接受的口述事实或者故事。[22]

当代诗人阿德里安·里奇曾写道："我们生活中的故事会变成我们的生活。"[23]这一观点也适用于组织。今天许多组织真正的价值和规范都通过故事来表达。有时候故事会描述创始者做了什么，他们是怎么思考的，他们是如何牺牲的，以及他们所抗争的是什么。还有些故事会描述过去或者现在的组织领导者会在困难的时刻、危机和重要的决定时做出怎样的选择，以彰显他们最重视的东西是什么。总之，这些故事都在说明组织真正致力于和其要获得的更大目标是什么。总之，第四大人文问题——**我们是谁**，通常包括"我们"在关键时刻做的事以及"我们"为什么要这样做。这些都是有关承诺、挣扎和目的的典型故事。

这些在今天仍旧是真实的，因为人类天性并没有因为近几个世纪伟大的科技进步而改变，我们还是我们一直以来的样子。这就是为什么每个组织都有故事——甚至是小的组织像是部门和工作团队，和像创业企业这样的新组织。这也是为什么出于高度实际的原因，当你面对灰度问题时理解这些故事是很有价值的。

再回想一下贝琪·弗里德曼的情况。她面对一个棘手的问题，处理一个有着来自上司支持却做不好自己工作的雇员。弗里德曼是刚到这个公司的。这个公司就是一个创业公司，刚刚成立几年，她所工作的"组织"是由她领导的 14 人团体。尽管如此，还是有两个故事能够帮助弗里德曼理解她所面临情形的全部方面。

一个故事描述了她作为女性在电脑科技方面的长期努力。即使她是很有天赋的程序员，得益于她的本科教育和工作经验，她也懂得什么是社会边缘化——也就是泰瑞·弗莱彻在她的团队的地位。弗莱彻知道自己成绩不好，也知道几乎所有人都知道这件事。与此同时，弗里德曼在心里还有另一个故事。这个故事描述她的团队除了弗莱彻以外的其余人理解并很关心的事：杰出的专业表现。由于天赋和较长的工作时间，她的团队在公司的业绩考察中一直表现得很出色，超额完成任务。弗里德曼对此感到很骄傲，她的团队成员也是如此。他们的故事是，通过日复一日、年复一年的努力和智慧，他们取得了应得的组织明星地位。

弗里德曼理解泰瑞所处的大环境，这帮助她有效率地处理了这个问题。正如我们在上一章所看见的那样，弗里德曼在回答第三大问题时做得很出色——**当今世界什么奏效？**同时她机警又适时地绕过了政治雷区，她也是成功的。因为这两个故事揭示了更大的社会现实：优势团队的风气，和从外部看来看像泰瑞·弗莱彻那样的劣势成员在这样的团队中所感受到的沮丧感觉。这让弗里德曼能够将自己和弗莱彻的会面变成有用并充满同情怜悯的咨询服务商谈，从而更轻易地让弗莱彻离开公司并最终找到了更好的工作。

　　总之，你可以利用你对组织的关键经历和故事的感知来回答第四大问题。换句话说，对你来说很重要的事也能说明对其他人来说什么是重要的。因此，当你面对困难的灰度挑战时，你应该花几分钟回头想想，并试着从组织的历史这一角度出发理解现状，这些经历对你很重要，能够帮你理解你所在组织的立场。

　　从这一角度出发，面对困难问题的管理者并不是简单地要找出正确答案。他们也要在组织的历史中写下一句话或者一段文字。通过将特殊的挑战放到大环境下，管理者有时候可以看到不这样做就会被忽视的因素，从而他们得以通过结果、义务和实际主义的考验筛掉一些选择，并使更多人支持他们的决定——因为其他人会感觉管理者的决定有助于加强、构建和保护能够定义其组织的价值和规范。

解释自己

　　另外一个能够更加清晰地理解重要规范和价值的方式就是试着做一个简单的练习。这也是一个能够避免成为威廉·怀特所警告的"组织人"的办法。换句话说，这种练习能够帮助面对困难挑战的管理者抵抗处理问题的压力，让他们行动起来，处理当前的经济、组织和政治因素，然后再继续进行其他工作。

练习是这样的。想象一下你站在每个受你决定影响的团体面前。想象你已经向他们解释过你的决定了，然后问问自己：他们会作何反应？他们会想什么，感觉什么，说什么？如果你是他们中的一员，你会怎么想、怎么感觉呢？他们是否会将你视为一员？他们是否都在苦苦挣扎于表达并依赖重要的共享价值和规范？或者他们是否会把你视作局外人、异族人或者根本不懂他们情况的人，不属于他们一伙的人？

练习的目的在于，让我们对有关真的会受到你决定影响的人的暗示性规范、价值和理想有个更清晰的理解——在你做决定之前做这件事，这样你对这些价值的理解就会塑造你的实际决定。

回答第四大问题的实际指导看起来为解决灰度挑战又多加了一层复杂性——它首先受制于其他三大问题，你要放松思考，试着得到"整体感知"，回想一下你自己的真正利益和你所在组织的故事，并测验一下从公司规范和价值的角度来看你能怎样解释可能的决定。但是这些步骤并没有创造复杂性，它们不过是反映出和揭露出复杂性。复杂性就存在于世界中，它属于灰度问题本质属性的一部分。当你处理灰度问题时，早晚都要面对这些复杂性。

清晰且简单

第四大问题是另一个提升你判断灰度挑战的基本工具。如果同时运用这个问题和其他三大问题，你就会理解有关这些问题的全部人类复杂性。我们都遭受着苦痛，都在追求快乐和幸福，所以结果真的很重要。我们有着共同的人性，所以我们对彼此有基本义务。我们很容易受到机会、意外和怨恨的伤害，所以实用和现实的思考是很重要的。同时，我们都是被周围的群体、他们的"神秘的记忆之弦"和他们对共同目的的感知所定义和塑造的。

你有关这些问题的答案对解决灰度挑战非常重要，但是这还不够。如果你在工作或者生活的其他方面有着很重要的责任，你就不得不比抓住复杂性要做得更多。责任还意味着决定和行动。从某些方面来看，你必须对其他人以及你自己说："这就是我们要做的事，这件事我们要如何去做。"总之，解决灰度挑战的关键之处并不是复杂性，而是清晰和简单性。

但是在灰度中什么是简单性呢？你该如何找到它呢？这个问题的一个有力答案来自奥利弗·温德尔·霍姆斯。他是美国最高法院的大法官，他的观点对美国人的生活有很大的影响。霍姆斯对复杂性的思考受一个深刻的人文角度影响。比如，作为法官他摒弃了法律形式主义，转而从法律现实主义密切关注法律的含义和应用——他用一句话来总结："法律的生命不在于逻辑，而在于经验。"[24]

在霍姆斯开始其漫长的法律事业之前，他就已经在努力克服事情的复杂性。他在波士顿长大，是一位重要的医生和科学家的儿子。虽然他早年的生活很舒适安稳，并进入了哈佛大学，但是他志愿参加内战。霍姆斯在三次战争中受了严重的伤，但是每次一旦伤愈，他就返回战场。在他早年的时候，他也挣扎于理解他为之战斗的国家如何维护、致力于自由并将一些人视作私有财富这些问题中。

法学家和军事英雄也是重要的道德家的霍姆斯，他努力追寻真理，但是他明白在法律和生活中，真理都是很难被发现的。于是他将这个感触用直白的话写在信里寄给了他的一生挚友，并表示对于他来说这种简单性是最重要的。他写道："我唯一能够讲出的简单性，就是跨越复杂性，在其另一边的那个。"[25]

换句话说，存在着两种简单性。一种是忽视了复杂性。这种简单性你可以在有人将困难问题看得很简单，并接着就确定地宣布自己的精准答案时看到。霍姆斯认为这种简单性毫无价值。他只在乎那些被完整的、真实的问题或者情况的复杂性塑造、检验和锻造出来的简单性。

　　但是这种简单性从何而来呢？如果你正面临着困难的灰度挑战，你该如何找到它呢？在下一章，我们将关注第五大人文问题，并回答这两个问题，以及解释怎样才能最终解决灰度挑战。

第6章

我能接受什么

第五大问题给了我们解决灰度挑战的最关键步骤——它是通过一个惊人的信息向我们传达这一答案的。它表示，不管你工作多努力，分析做得多好，也不论你多么认真地思考结果、义务、实际的例子和价值，你通常也不能找到灰度挑战的答案。那么你接下来要做什么呢？从根本上来说就是，作为管理者和人你要创造出答案，而且你要通过做出自己能接受的决定得出这个答案。这就是你解决灰度挑战的方法。

什么叫作"能接受"的决定呢？有时候它们是指你不得不接受或者忍受一个决定。你做了所有你能做的，但只能满足可接受的最低标准。通常来说，灰度问题并没有双赢的选择。你的工作就是不要做出最糟糕的决定，你所能接受的"成功"是非常复杂的，有时候这种复杂性还非常严重。在那他珠单抗的案例中，药物重新回到了市场上并缓解了很多病患的痛苦，但是同时它也还对生命造成威胁。在其他案例中，你自己也和其他人一起努力地工作思考，然后你找到了一个很有创意、实用的灰度问题解决办法，你很接受并为之骄傲。这就是贝琪·弗里德曼对她为泰瑞·弗莱彻做出的努力的看法。

不管你的决策是符合最低标准还是期望的标准，你都会在更深的层面上接受自己对灰度问题的决策。不论是对其他人还是你自己，你都要为自己的决定负责。作为管理者，你在法律、组织、经济和其他方面都要负责。但是不管你做出什么样的决定，你还要担负起重要的个人责任，这就是第五大问题的关注点所在。

这些责任是非常深刻的。你通过明确地说"这就是我的决定，这就是我们要做的事"来做出解决灰度问题的决策，但是这并不是所有你要决定的事。你还不可避免地要考虑、决定我们之前提过的四大问题。基于个人的判断，你的决定要表明哪些结果、义务、实际因素和价值影响最大，哪些影响最小。而且你逃避不了这样的责任。灰度决策不可避免地要反映出并揭示出做决定的人所优先考虑的事情。

因为从个人方面来看，如何决定灰度领域的解决方案是你自己的事，第五大问题推动你认真思考你能接受什么。灰度挑战会考验能力和性格，它们在工作和生活中都是不可或缺的。为了很好地回答这些问题，你必须努力思考作为管理者和人来说你究竟关心什么，这些信念对你正在做的决定来说意味着什么，掌握第五大问题需要真正的勇气。一位退休的高管在回顾自己漫长的成功事业生涯时说道："我们真的很想有人或者有规范告诉我们要做什么，但是有时候并没有这样的东西，所以你必须决定在特殊的情况下什么是最相关的规定或者原则。你逃避不了这个责任。"

幸运的是，第五大问题——**我能接受什么**，已经经历了漫长的岁月。几千年以来，它已经在东西方挑战了很多非常有思想、有见地的人。所以我们可以看看他们的例子来深入理解这个问题究竟问的是什么，并通过认真解答这些问题来得到一些实际指导。和之前的问题一样，你将会看到过程的重要性。但是能够对解答这些问题产生影响的过程和其他人没有关系，它是你自己的过程。这个过程包括你在做决定之前关于灰度决策的最后几个步骤。

品格和判断

总之，管理者的性格、信念和价值观对解决灰度问题非常重要——这是最富有智慧、最机警的人类状态观察者几百年来通过不同的方式所给出的答案。他们的答案从本质上来看就是，你的判断是决定性因素，而判断又反映了你的品格。换句话说，就像DNA是双螺旋结构的，判断和品格也与彼此紧密相连。

比如，对于亚里士多德来说，解决困难问题的正确答案是中庸之道。也就是说，最好的决定要避免过度。勇气过多就变成鲁莽，过于谨慎就变成懦弱，等等。解决问题的正确方法通常在中间地带。但是这个中间地带在哪里呢？为了回答这个问题，亚里士多德告诉你，你应该首先自己观察这个问题的特点和情况，试着找出其所有隐蔽之处。接着，他又说，你应该依赖自己的判断——你的经验、分析、深思熟虑和直觉，来决定什么是正确的。换句话说，中庸之道就是你的判断所告诉你的事实。

结果，不同的人看待相同的问题或者情况时，往往能够做出对灰度问题正确答案的不同判断。亚里士多德为了解决这一问题给出了一个关键的附加条件。他说，做判断的人要有好的品格。他们应该忠于并恪守传统的道德，比如诚实、勇敢、谨慎和公正。亚里士多德的基本逻辑是这样的：品格决定判断，判断又可以解决困难问题。反过来就是，判断是由品格所塑造的，它会告诉我们要在哪里划分界限，告诉我们能做什么不能做什么，而这些能做的就是我们的组织所要追求的，不能做的就是我们拒绝的。[1]

中庸之道的主题包含了很多经典思想。佛家倡导"中庸之路"[2]，而孔子这位令人敬仰的伟人就像是一名直指靶心的弓箭手，当箭头偏移时他会仔细地做出调整。[3] 迈蒙尼德警告称："如果一个人发现自己的天性使然或者自己倾向于变成这些极端品格，他就应该回头想想并提升自己，这样才能走上成为好人的道路，这才是正确之路。"[4] 穆罕默德认为最好的选择就是"中庸之路。"[5]

如果我们从古典作家转移到现代领域中来，我们也会发现相同的思想——判断和品格是深深交织在一起的，而且我们会在完全不同的杰出人才的思想中找到这一观点。比如，弗里德里希·尼采是德国的一位很有才华的诗人和学者，也是当代最有影响的哲学家之一。他的著作有关宗教、权力和人性，他最基本的观念之一是人无法掌握现实。尼采相信，所有我们掌握的事实都是我们自己对现实的说明阐释，用他的话来讲就是："这是我的方法，那么你的方法在哪里呢——这就是我对那些问我'确定的方法'的人的回答。这个确定的方法根本不存在。"[6]

有关尼采这一想法的变体，令人惊讶地出现在了阿尔弗雷德·斯隆的自传《我在通用汽车的日子》（*My Years with General Motors*）的开篇中。19 世纪 20 年代，斯隆将当代的通用公司从一个濒临破产的混杂企业锻造成了汽车公司。到了 19 世纪 50 年代，在斯隆的领导下，通用公司成了历史上最大、利润最高的公司。斯隆开辟了有关策略、组织、会计、金融和生产的方法，这些方法被无数其他公司所运用，直到现在仍旧持续塑造着今天的各类组织。[7]他坚定地相信管理决策要基于事实和分析。但是，在斯隆的自传中，他写道："经济判断的最终决议当然还是直觉。"[8]

注意这句话的最后几个词。斯隆这位很有才华，具有奉献精神，毕生的分析师和组织者认为，做决定的关键因素不是事实或者分析，而是直觉。你还要注意到斯隆用了"当然"这样的字眼。对于他来说，直觉扮演的角色非常清楚明显。他坚定地相信，在最后做重要决定的最终关键因素将是直觉判断——这是一种很难说清楚的特别的个人经验、品格和视角的融合，最终，其将会决定是否一种行动要比另一种好。

斯隆的观点是有关做决定的一种人文角度阐释。显然，这是斯隆的观点，不仅仅是古典思想家的也是存在主义者的观点，存在主义者包括我们当代的人文主义家、哲学家、小说家、日志作者和诗人。有些存在主义者深受宗教的影响，其他人则是无神论者。50年前，在糟糕的战争灾难和难以置信的野蛮行径发生在亚洲和欧洲的土地上后，欧洲许多存在主义思想家都积极地寻找一个最深刻的问题的答案——生命和它的意义。

存在主义者明白选择是不可避免的、无法改变的和非常有负担的，他们知道在生活中肩负真正责任的人会从经验中获得什么。选择和承诺是不可避免的，尤其是在变动性很大、复杂又不确定的问题面前。做这些决定有时候是沉重的负担，有时候是令人振奋的挑战，但是它永远完全是人类的任务。

直觉和判断让我们能够应对这一挑战。换句话说，做困难决定的最终关键时刻是思维和内心一半有意识一半下意识的融合，即分析和直觉。一位备受尊重的高级主管是这样描述自己做困难决定的方法的："我不会因为我的大脑告诉我这件事是对的我就开始做，我也要去感觉。要是我不这样做，我就必须让我的大脑和内心保持和谐。"

实际挑战

尽管第五大问题是历史的遗产，但是它看起来还有一个严重的或者说致命的缺陷，尤其是当我们用每天都会遇到的具体事件来思考这个问题的时候。我们真的想要在很大程度上依赖制定决策的人可以接受的任何行动方针吗？我们真的允许有关困难、高风险决定的重要考虑过程变成任何负责人"感觉"对的东西吗？要是这个人懒惰、能力不足、道德败坏，总是非常自私、腐败或者说就是决策那天状态不佳呢？

欧内斯特·海明威对这样的危险给出了清晰的例子："关于道德，我只知道道德是你做了什么事感觉很好，道德败坏是你做了什么事之后感觉很糟糕。"⁹这是说困难决策从根本上来讲是个人的、主观的，是一种感觉和情感，因此它是武断的。如果希特勒对他自己的所作所为感到很愉快满足，那么他也是道德高尚的？

海明威的观点是非常富有挑战性的。实际上它是在问：经过几个世纪的认真思考，我们还需要再展现什么有关做困难决策的正确方法呢？答案看起来是：这些思考还不够。我们没有得出任何单一的方法、教学经验或者理论。我们有的只不过是无数记载，有时非常辉煌，有时不过是冗长的争议。我们可以敬仰这些才智的火花，但是我们并没有通过这些火花找到站得住脚的坚实基础——这就很麻烦了。这说明手握重权的人在做最终选择时没有客观的原理去遵循。法国存在主义家让－保罗·萨特曾做出这样的阐释："如果'上帝'不存在的话，我们做什么都行"——这就是有关上述内容一个很有名的令人不安的版本。¹⁰

从第二个角度来说，第五大问题看起来也很危险。它假设我们明确地知道我们是谁，但是我们真的知道吗？我们可以通过自我反省或者从古代作家的智慧中得到一些好的理由，来认为我们很难或者可能几乎做不到了解我们是谁。自我认识是人文主义学家关注的核心问题，重要的思想家们已经进行了几千年的努力试图解决这一问题。古希腊德尔菲的神谕带着"认识自己"的要求迎接着无数的拜访者。这则箴言被刻在了寺庙入口的石头上，同时在无数思想家的著作中它也一遍遍地出现。但是这则建议通常伴随着警告。

比如，本杰明·富兰克林在《穷查理年鉴》（*Poor Richard's Almanac*）中写道："有三种事物非常'坚硬'（困难）：钢铁、钻石和认识自己。"[11] 正如我们所见，许多复杂的当代研究都表明我们甚至自己都不稳定、不会长久不变，在许多情况下，在实验室中、真实生活中和历史中，对于大多数人来说现实的力量会推翻"真实的自己"。许多古典文学都向我们展示了我们会多快、多容易地背叛所谓真实的自己。莎士比亚在《一报还一报》（*Measure for Measure*）中以一种嘲讽的笔调写到这个问题：

> 可是骄傲的世人掌握到暂时的权力，
>
> 却会忘记了自己琉璃易碎的本来面目，
>
> 像一只盛怒的猿猴一样，
>
> 装扮出种种丑恶的怪相，
>
> 使天上的神明们因为怜悯他们的痴愚而流泪。[12]

第五大问题看起来削弱了本书的基本主题：我们应该像管理者一样着手处理灰度挑战，然后像个"人"一样解决这些挑战。其中一个挑战就是人类容易注意力分散、孤陋寡闻、懒惰、注重自我利益。另外一个挑战就是我们很难理解我们到底是谁，我们究竟在乎什么。可能第五大问题应该保留到令人振奋的时刻再用，比如在彰显爱国情怀的事件中和毕业典礼的讲话上。

但是这并不是真正的选择。不论以何种形式出现，第五大问题是不可避免的。当个人或者组织面对困难问题时，分析的过程就得结束了。有时，某些人必须做出决定。如果事实和框架都不清晰，那么做决策的人就必须要小心谨慎。决策能够反映出这个人的判断，同时正如很多重要的思想家告诉我们的那样，他们的判断将会在很大程度上影响他们是谁以及他们能接受到什么程度。总之，对于灰度挑战来说，个人的判断是不可避免的关键因素，而个人的品格又同时塑造了判断，无论好坏。

实际指导：锻造直觉的五个步骤

有关第五大问题的实际指导很令人惊讶。因为它看似至少在最开始的阶段背离了阿尔弗雷德·斯隆的观点，即直觉是做困难决策时最终的关键步骤。但是这是因为我们有时候会将直觉看作落在我们肩膀上的小鸟，向我们低诉着真相。这个想法很迷人，但是完全误导了我们的观念——至少对于面对灰度问题的管理者来说是这样。他们需要的，以及斯隆所推荐的是经过锻造、检验的直觉，而不是瞬间的反应。

经过锻造的直觉需要一段时间的深思熟虑。这也就是和那个我们所熟知的表述一样的建议"翻来覆去地想。"这是建议在做决定之前"好好思考一下"的理论基础。因此，许多宗教传统建议进行具体的延伸训练，即将其作为生命和重要选择的准备，比如《圣依纳爵神操》(*Spiritual Exercises of St. Ignatius of Loyola*)。[13] 换句话说，经过锻造的直觉并不是瞬间的见解。它反映出了一种思考、反应和做困难决定的人内心和灵魂深思熟虑的过程。

本章的指导就是告诉你在做灰度决策之前的阶段要做什么。如果时间紧急，这个阶段就必须很简洁，但是通常你会有几天的时间。很少有重要的管理决策是在很大的来自时间的压力下做出的，好的组织和管理者应该确保有充足的时间来做决定。和之前说的一样，这是因为包含过程的缘故。然而，对于最终决定来说重要的过程发生在你的思维和内心里。幸运的是你能够有几个步骤可以遵循，因为几个世纪以来，这几个步骤一直指导着面对困难决策的人进行直觉判断。

静心暂停，从周边事务抽离出来

莎士比亚的《麦克白》(*Macbeth*)是一个有关野心、背叛和道义崩塌的阴暗、富有震撼力的故事。所以我们在阅读或者观看这部剧时，很容易忽视莎士比亚所提炼出的关键建议，这是一个三字短语——麦克白没能听从这一建议，于是一头扎进了自己的灾难。这个短语是"踌躇的理智"（the pauser, reason）。[14]

用来测试和调和你直觉的第一个步骤，身体的效用和智力、心理的效用一样多。它需要你抽出时间，这是说你要结束和别人讨论该问题的对话，关上门，将所有的电子设备静音，然后看向窗外或者盯着墙。它要求你找到舒服方便的方法暂时从周边的事物抽离，退一步思考。

正如莎士比亚所强调的，理智包括暂停你的脚步——和其他调和的直觉包含的因素一样，比如想象、感觉、信念。前四大问题和其代表的人文视角是你放缓脚步，仔细审查情况或者问题的关键步骤。莎士比亚的话语中暗藏的更为深刻的含义则是那些不懂得暂停的人可能没有理性，不懂得审慎行事。他们可能会向前猛冲，错过重要的直觉，追随着危险或者正在搞破坏，因为他们成了无意识的木偶，他们的情感、驱动力和偏见被挤进了自己未经检验的天性中。

不分伯仲，一并使用这五大问题

用两种方式看待长期存在但明显一直不被重要的思想家接受的，做困难决定时正确的策略。一种是质疑、嘲讽的态度。它将所有的努力都看作不过是学者们在绕城一圈执行死刑：每种思考方法都会削弱其他方法，没有任何单一的、完善的方法出现，而这些只给我们留下了分歧和迷惑。正如一位广受尊重的政治理论家所说："道德世界的基础就是深远的、明显无止境的矛盾。"[15]

另外一种就是本书中提到的：将这些强有力的争论和它们对决策的见解视作富有启发性的对话，而这些对话揭示了现实的复杂性——这样的做法是进行判断和完善决策的本质。没有哪个单一的、最终的简单直觉能被放在打好蝴蝶结的礼盒里给你。在这愉快的对话中，没有哪种关于道德或者决策的观点能够脱颖而出——因为人类以及我们的生活都太多样、微妙又复杂。在这伟大对话中的每个声音，都为面对困难决策的人提供了有价值的直觉（至少有部分价值）。这就是美国实用主义倡导者之一威廉·詹姆斯所写的"当然，事实很好——给我们很多事实。原则也好——给了我们大量原则"。[16]

有一句古话告诉我们，我们看待这个世界，不是按照世界的样子而是按照我们的样子。换句话说，很有思想的聪明人，看待同样的情况，会根据情况有不同的做法。这四大问题就是这一风险的解药。它们能够在某种程度上帮助我们用现实的眼光看待世界，至少是用其他人的眼光。深思熟虑能够帮助我们拒绝持有单纯、宏伟的原则这样的诱惑，让我们避免用这样的原则主导我们的其他思考方式。这说明我们看待这五大问题不能像看待至高无上的最终真理一样，而是要把它们当作有用的每日工具。木匠要用工具箱来工作，他们不会总是只用锯和螺丝刀应对所有工作。同理，合理的方法也适用于人文问题。这就要求我们要把这些问题弄得通俗简单一点，将它们看成是工具并一起使用它们。

这个方法能够提升我们的思考以及判断能力。因为这些问题相互补充、纠正，相互增强。为了了解这一事实，你想想自己熟悉的人。有些人很自然地从结果的角度考虑问题，有些人则对自己的义务有强烈的责任，有些人则是天生的或者有些动摇的实用主义者，有些人则通过自己的言行体现出自己团体或者组织的重要价值。我们每个人的思维方式生来就有固定的模式，而这可能会导致麻烦。只考虑结果的人可能会毁掉基本的人类义务，仅仅依赖实用主义可能是不道德的甚至更糟；只考虑维系团队的价值会让团队以外的人对严重的结果和他们自己的义务感到模糊不清。

如果有人把第五大问题（**我能接受什么**）当作**唯一**的问题而不是最后的问题使用，就会变得很危险。这是因为实际上，前四大问题就像守卫边境的边防部队。在它们守卫的领域内，管理者可以相信这些问题能够做出完善的决定——基于他们的信念、判断和他们对公司在特殊情况下做什么才是正确的事的感知。但是边防部队就会限制这种自由。它让我们不能将苦难强加于别人身上，破坏基本义务，或者忽视一个组织的价值。这就是有关最后反思的第二条建议，它告诉我们要一起使用五大问题，而不是只遵循你最喜欢的那个。

关心则乱，做好抗争的预期

注意第五大问题是如何措辞的。它并没有问什么是最好的或者什么是正确的。相反，它表述了一个更为适度、现实的标准：你能接受的状况或者决定。换句话说，第五大问题意识到了管理者所要对抗的问题通常类似于这些：哪个选择是最不会让我感到不舒服的？哪个选择是最不会让我后悔的？

这些问题反映了灰度的基本特质。不舒服和后悔是会不期而至的。灰度问题没有简单的答案，它们包括困难的选择和取舍。同时，即便管理者做了所有能做的使决策正确的事，无论他们的努力是否实现了自己想要的结果，他们仍不得不接受自己做的正确决定的恼人的不确定性。在灰度中，抗争通常是重要的思考和努力的标志。

比如，艾丽莎·威尔逊表示，在尝试决定如何处理凯西·汤姆森事件的时候，自己经常失眠。威尔逊主要的担忧是，导致汤姆森工作做得不好的原因，是否会让她在丢掉工作之后仍旧无法得到帮助。最后，威尔逊与汤姆逊进行了几次会谈。她们的谈话很尴尬，因为威尔逊走在一条分界线上，一边是她尊重助理个人隐私的义务，另一边是简单地辞退她之后可能出现的潜在可怕后果。威尔逊想要帮助汤姆森，但是作为老板她认为自己没有权力介入员工的个人生活。

最后，威尔逊不情愿地告诉汤姆森她可能会丢掉工作，所以在这之前她需要看看能不能申请到长期的伤残保障。汤姆森最终接受了这个建议，之后，威尔逊帮她找了一位律师协助她处理复杂的申请过程，因为威尔逊认为汤姆森自己可能不能完成这些事务。然而，尽管威尔逊做了很多努力，但她永远都不能确定自己的做法是正确的。可能她的方式太过强硬，可能她做得还不够。但是她能确定的是，在接下来的几年她并没有听到关于汤姆森的坏消息。

我们能从这件事中学到有关反思和预测的两个启示。一个是我们对灰度的反思通常意味着感觉很焦虑、犹豫、反反复复和失眠，这些反应并不是失败的标志。它们很可能是显示出某个人真正理解了当下的情况，掌握了什么是利益相关的，并看出了解决问题需要应对的挑战。换句话说，要是在灰度领域中过得太平稳反而说明这个人没有注意到或者真正理解到底发生了什么。

另一个启示则是，面对灰度问题，有时候所有你能期待或者为之抗争的就是保证过程正确。艾丽莎·威尔逊唯一能保证的就是她用来理解凯西·汤姆森的过程是很真诚的，她处理这件事的方式是自己能够接受的。她已经和其他人一起推敲过了自己的选择所有可能的结果、利益相关的权利和义务，实用主义角度对她的限制以及对公司的规范。威尔逊努力尝试着保证自己的过程正确，从而让她的决定也是正确的。

影响并激励了几位美国开国元勋的 18 世纪话剧《卡托》（Cato），描述了管理者在灰色地带中的合理期待。话剧的主角古罗马斯多亚派哲学家卡托曾经对自己的一位追随者说："凡人并不能强求获得成功，但是我们要做得更多，赛普洛尼斯，这是我们应该做的。"[17]

系列决断，与想象的局外人交流

深思熟虑也总有结束的时候，管理者总归该做出最终的决定。这可能就是斯隆所说的"直觉"起到关键性作用的时刻了。管理者要负责决定哪些考虑因素比其他的更重要，然后做出自己能够接受的决定。但是这又会引发一个很棘手的问题。我们实际上有两个自己，一个是现在正在做决定的自己，另一个是未来要接受这些决定的自己。有强有力的证据表明我们并不擅长判断未来的自己会对现在的自己所做的决定做出怎样的反应。[18]我们怎么才能自信地认识到我们能够真正地接受一个决定呢？

　　古代最受尊重的领导者之一——罗马帝王和将军马可·奥勒留，到今天仍因为他的累累战功、卓越的领导能力以及他每天写的日记而被人们所想起。每日深夜，他坐在烛光旁，写下他的观点和思虑，这就成了后来的《沉思录》（*Meditations*）。读者总喜欢跳过这本书最开始的部分，这部分看起来不过是马可所感谢的人的清单，就像现代书里面的致谢。他简单地介绍了一下所有对他的生命有影响的人。马可清楚地告诉我们，他在每个人身上学到了什么品质和技能，他将这些人看成无形的陪审团来对他进行问责。

　　想要效仿马可的例子，你只需要改变一下你的关注点，再加上一点想象。比如，你要问自己，你要怎么向自己非常尊重，并且十分重视其判断的人解释你的灰度问题。你怎么才能向你非常敬仰，将其视作榜样的领导或者管理者解释你的决策呢？你认为他们会作何反应？你会对自己的解释感到满意吗？你怎么向你的爱人、伙伴、孩子等解释你的问题和你处理问题的方法呢？

　　马可·奥勒留在大概2000年前留给我们的建议通过了时间的考验，因为这个建议为我们的行为设定了严格、复杂但是切合实际的标准。它的严格在于它通过提到特别的人让我们的个人责任变得丰富而具体。同时，它的复杂性在于一个内部和外部的标

准。马可提到了局外人，但是这些局外人是他选择的所在乎的
人。所以这些人能够反映出他所认为的最好的自己。最后，这个
标准是现实的且实际的，因为它是一种手段，能够对抗我们身体
自带的，通常无意识的天赋，这种特质会让我们进行合理化判断
和自我欺骗。这种训练的目的在于让你从外部来审视自己的话
语、思考、价值和判断，但是违背了对你影响深刻的标准——你
非常尊重的人的判断。

有关第五大问题的实际指导是找到一种解决灰度问题的完
善方式的方法，而不是唯一正确的方法。不同的管理者会采取
不同的方式解决灰度问题。即便是处理同样的问题，他们对结
果、义务、实际和价值的考察各不相同，解决复杂问题的方法
也不同。这不是因为有些管理者更聪明或者是更好的人，而是
因为每个管理者对社会如何运转和究竟什么才是重要的事都有
自己的感知。第五个人文主义问题是唤醒非常困难的决定中个
人角度的方法。

最后，你对可以接受的困难的灰度决策的感知，并不来源
于你能找到清晰正确的答案这种信念。在某些灰度情况下，你所
能确信的不过是自己能努力保证过程正确。这就是说你要像个负
责、严肃的管理者一样处理问题，你要和其他人一起确定重要事
实，要试着针对重要的不确定事件做出完善的判断，并努力思考

分析问题的正确方式。然后你在做决定之前还要深思熟虑，这是一种保障。当艾伦·福伊尔施泰因被问及想要在自己的墓碑上写什么时，他已经将这种保障刻在自己的心里了。沉默了很长时间后，他说："他尽了最大的努力。"[19]

做出决定，进行解释并继续推进

当然，在某种情况下，管理者必须做出灰度决策，并进一步实施相应计划。同时他们必须清楚而有说服力地向其他人解释这些决定。从某种程度上说，这最后一步是最重要的。管理是一种艺术，但不是你在博物馆能看到的那种艺术作品。它是一种行动艺术，最好的管理者很擅长与他们的观众互动：观众就是会受到他们决策的影响，同时他们还需要与其合作的人。

当你必须要传达自己灰度决定时，这五大问题会对你非常有用。实际上，这五个关于困难挑战长期存在、深刻有力的视角，就像是能够发出清晰信号的广播频率。比如，你可以说你已经努力思考过这个决定，并做了你相信对于每个相关人士都最好的决定。或者，你已经努力地思考了很久，你的决定是符合基本义务的。或者你还可以说，在经过认真的思考后，你做出了符合实际的最好选择。你还可以说，你的决定最好地诠释了你的组织所传达的价值。

通过这种方式使用这五大问题，它们每个都不是魔法棒。你必须做出分析并填补空白。你要以事实、判断和分析来解释为什么你相信结果、义务、实际或者规范会在特定情况下占据主导地位。通常来讲，为了让你自己更有说服力、更值得相信，你还要解释自己做出决定所遵循的过程。但是这些解释都能通过从人类基本原则的角度来制定框架而得以强化。

事实上，一个能为解释困难决定做准备的方法是将其简洁而清晰地写下来。其中一个原因是，写下来能使事实变得清晰，这对于像管理者一样来处理问题是非常重要的。正如历史学家大卫·麦卡洛所说："写作就是思考。写得清楚意味着思考得也清楚。这就是为什么写作这么困难。"[20] 另一个原因在于，写作是自我承诺的一种形式，这对于做人性化决定来说非常重要。这种见解隐藏在 19 世纪作家居伊·德·莫泊桑的阐述中："黑纸白字诉衷肠。"[21]

特别的是，你要看好你面临的灰度问题，并要尝试回答每一个问题。你要做得简洁并且清晰：换句话说，你要切中要害。正如你所看见的那样，什么是最重要的可能结果？哪些义务占据着主导地位？哪些实用角度的考虑真正对你有影响？你相信什么组织规范以及你的组织必须尊崇什么？

当你做出了最终的灰度决策，并尽可能高效地传达了自己的决策之后会发生什么呢？部分答案是很明显的。你必须开始努力实施你的决定了。你还会发现你的决定并不是"最终的"。灰度是一个未知地带，所以不管你遇到阻力、意外、失望还是不期而遇的机会，你都不应该感到惊讶。你还会发现一旦你开始行动，你的"最终"决定还需要再判断甚至做重大改变。同时，除了要尽最大努力以外，你可能还需要不断反复清晰地传达自己的决定。通常我们很难从组织内部嘈杂的声音里得到清晰的信号。

最重要的是，一旦你已经解决了一个灰度挑战，你就得开始准备下一个——它们一个接一个的到来，因为灰度决策是管理工作的核心。吉姆·墨林在面对那他珠单抗事件时表示："我不会考虑让任何非黑即白的员工成为总裁。如果这些人进入我的高层领导团队，那么公司就会出现问题。我的团队里都是能思考灰度问题的员工。"[22]

墨林是说，一旦你成为管理者，处理复杂、高风险的难题就成了你工作的中心。当你工作结束后回家，你仍然逃不开灰色地带的挑战。承担真正责任的人，不论是在工作还是生活中，都会发现没有办法消除所有的灰度。这就是为什么这五大问题如此重要。它们是你在面对困难决策时候的有效工具，但是它们在另一个更深层次方面也有很重要的作用。这五大问题放到一起，为承担重要责任的人提供了基本的哲学思想和世界观。

道德敏感的实用主义

本书基于五个人文主义问题概述了所谓管理者的工作哲学。这种哲学并不包括抽象概念或者约束原则。它们是一种倾向、一种态度、一种思维习惯和一种隐形的世界观。它们是一种独特的方法，帮助我们抓住灰度问题，仔细分析并全面掌握它们以及人类的复杂性，只能在做完这些之后，再做最终决定。从本质上来讲，这种世界观所说的是成功、负责的领导者实际上是道德敏感的实用主义者。这种管理观念可以用两个简单的描述加以总结。

第一个描述是，面对困难问题的管理者必须对一系列人类所关注的基本问题保持敏感——会对其他人产生的影响，自己的基本义务，为了把事情做好而面临的困难现实，团体价值和究竟对他们自己来说什么是重要的。这些基本关注点从最深的意义来讲是关乎道德的。我们通常会从应该做的事和不应该做的事的角度来思考道德，但是这五大问题提出了更深刻的关注点。它们是询问有关什么是生活中、团体中和做决定时真正重要的问题的完美方法。

本书中所展现的工作哲学并不会将哪个问题看作是最重要

的，或者哪个问题可以主导其他问题，也没有哪个工作哲学能消除这些观点，因为没有一个问题能够提供最终的答案。道德敏感的实用主义将这五大问题中潜在的基础观点看作解决人类复杂性的视角。这就是为什么采取这一方法的领导者要努力对人类所考虑的问题保持敏感和负责。英国探险家、语言学家和博学者理查德·弗朗西斯·伯顿是一位有诗人天赋的实用主义者。他抓住了道德敏感实用主义的第一个方面："所有的信仰都是错误的，所有的信念都是正确的：真相是，破碎的镜子散落的碎片，每一块碎片都相信自己就是完整的镜子。"[23]

道德敏感度接受并尊重人类智慧、想象和经验试图理解如何通过正确的办法来做出复杂、不确定决策的各种方式。作为工作哲学，道德敏感实用主义意味着要掌握灰度决策多种多样、不可避免的深刻复杂性——从技术、人类、社会和道德各个角度。这就是为什么感知、意识、灵活性和敏感度对认识这个世界如此重要。

第二个描述道德敏感实用主义的基本阐释是这样说的：作为管理者，你有很多事情要做。你必须通过实用的现实手段来解决灰度问题。这是指当你作为管理者应对问题以及最终人性化地解决问题时要保证过程正确。但是过程总要结束。在某一时刻你必须简单明了地对他人说："这是我的决定，我是我做出这一决定的原因，这是我们接下来要做的事。"为了做好这件事我们就要遵循五大问题中长期存在的实际指导：目光要广阔深远，要唤醒你的道德想象并严格遵循，用适应力、意外和政治效力来检验你的计划和你自己，并真正理解对你的组织有意义的故事。

当然，传统智慧认为，实用的、完成任务式的方法会削弱人们对人类关注的重要问题的感知，而且这通常是正确的。实用主义可以只戴上眼罩将道德细节放到一边，但是道德敏感实用主义者通过不同的手段应对灰度问题这一挑战。他们努力工作，通常为了找到能够帮助他们的组织、团队和自己度过灰度领域的方法而拼搏奋斗，与此同时，他们对人类关注的重要问题也很敏感。

道德敏感实用主义者接受复杂性、道德和实用性。但是他们也接受上述的复杂性——并不是因为它能够让做决策变得更简单，而是它能够让决策做得更好。他们相信通过在完整、现实的人类大环境中考虑决策，他们就会在面对困难决策时提高自己能够真正理解什么是利益攸关的事的能力，并为做出好的决定打下正确的基础。

20 世纪最有经验、最成功的管理者之一戴维·利连索尔从自己的事业中学到了重要的一课。20 世纪 30 年代，利连索尔协助田纳西河流域管理局设计并领导建设了一个大型的多态水坝和电气基础设施网络。20 世纪 40 年代，他协助创办并运营美国原子能委员会，这种新技术曾承诺会改变人类的生活，但是也有能够毁灭人类的危险。接着，在 20 世纪 50 年代，利连索尔创办了一个工程咨询公司。

几十年来，利连索尔一直在日记中对自己的工作和生活进行详尽的记载。利连索尔后来在自己的事业中，回顾了自己丰富的经验并总结了自己作为管理者的工作理念。他写道："管理生活是人类活动中最广泛、要求最高，并且无疑是最全面且微妙的部分。"[24]

对于利连索尔来说，管理是生活的一种方式，而不仅仅是他的工作或者事业。正如他所想的那样，成功的管理活动是一种"人文艺术。"[25] 这就是为什么负责任的管理者应该努力保证，当他们面对困难、复杂的问题时，他们的决定要深深依赖于结果、基本义务、实际的现实、组织价值规范以及自己对生命中真正重要的东西的长久的个人感知。

附录 A

人 文 主 义

有许多文学作品涉及人文主义，关于这一术语也有很多定义。而且，有些学者认为这个术语有多重含义，所以是"无法定义的"。[1] 因此，本书以一种具体的方式使用了这个术语，主要涉及了两个视角。一个是在人文主义领域有着深刻专业知识的学者写的调研性文章。另一个就是作者的视角。作者视角的形成，部分来自多年阅读和教学马基雅维利思想的经验；长期对蒙田作品的兴趣；以及伟大的当代人文主义学家、历史学家以赛亚·伯林的智慧观念。

本书将人文主义阐释为：

（1）文艺复兴运动。此运动重视古希腊和古罗马文化的复兴，以及新兴科技的发展。

（2）宽松的同源观念。人文主义者普遍崇尚自由、好奇心、坦率、进步的可能、没有形而上学以及科学的确定性人类也能生活得很好的信念以及全球普遍对人类生活和过去的生活方式的好奇心。古罗马剧作家泰伦斯有一句著名的表述——"没有任何人类对我来说是异族人"，这句话给予人文主义思想重要的潜在力量。

（3）学习的一种方法。人文主义学家给予历史、道德、诗歌和修辞学优势地位。他们相信，这些学科能让人类得以最好地运用自己的自由，并为他们的生活做出最明智的选择。

（4）对积极活跃而非沉思的生活的偏好。在14世纪的意大利，人文主义的初始阶段对人类的能力非常有自信，认为人可以塑造世界并决定自己的生活。一个世纪之后，蒙田和马基雅维利变得更为审慎怀疑。蒙田的文章可能在人类历史上前所未有地揭示出了人类精神的复杂性、流动性、微妙性和变动性。马基雅维利提供了一个关于政治生活的平行理念。

（5）有关宗教和宗教团体的复杂观点。文艺复兴时期的人文主义者不认为中世纪长期存在的机构如天主教堂、神圣罗马帝国和封建制度的思想是人类只能接受而不能改变的秩序。同时，这些文艺复兴时期的人文主义者和一些当代自称"人文主义家"的团体不一样，他们不需要反对宗教，或者支持无神论和不可知论，相反他们宣扬宗教是可以接受的。文艺复兴时期的一些人文主义者相信，所有的宗教都是表达宇宙精神特质的相同根本见解。其他人则认为基督教并不会违背或者替代古代哲学的智慧，而会帮助其实现自己的智慧。

（6）从历史的角度而非理论的方法理解人类、他们的生活和重要决定。对于人文主义家来说，真正重要的是理解有着微妙之处和特殊情况的大环境：事件发生的真正时间、地点，不得不做出的决定，以及做决定者的个性和动机还有塑造他们的事件。

本书所引用的有关人文主义的文章：

Baron, Hans. "15th-Century Civilization and the Renaissance." In *The New Cambridge Modern History*, vol. 1, *The Renaissance, 1493-1520*, 50-75. Cambridge: Cambridge University Press, 1992.

Berlin, Isaiah. "The Originality of Machiavelli." In *Against the Current: Essays in the History of Ideas*, edited by Henry Hardy and Roger Hausheer, 25-79. Princeton, NJ: Princeton University Press, 2001.

Cassirer, Ernst, Paul Oskar Kristeller, and John Herman Randall Jr., eds. *The Renaissance Philosophy of Man: Petrarca, Valla, Ficino, Pico, Pomponazzi, Vives*. Chicago: University of Chicago Press, 1956.

Davies, Tony. *Humanism*. New York: Routledge, 2008.

Gray, John. *Isaiah Berlin: An Interpretation of His Thoughts.* Princeton, NJ: Princeton University Press, 2013.

Greenblatt, Stephen. *The Swerve: How the World Became Modern.* New York: W. W. Norton & Company, 2012.

Ignatieff, Michael. *Isaiah Berlin: A Life.* New York: Metropolitan Books, 1998.

Kolenda, Konstantin. "Humanism." In *The Cambridge Dictionary of Philosophy*, edited by Robert Audi, 396-397. Cambridge: Cambridge University Press, 1999.

Kraye, Jill, ed. *The Cambridge Companion to Renaissance Humanism.* Cambridge: Cambridge University Press, 1996.

Kristeller, Paul Oskar. "Humanism." In *The Cambridge History of Renaissance Philosophy*, edited by Charles B. Schmidt and Quentin Skinner, 113-140. Cambridge: Cambridge University Press, 1988.

Machiavelli, Niccolò. *The Prince.* New York: Penguin Classics, 2003. First published 1532.

de Montaigne, Michel. *The Complete Essays of Montaigne.* Translated by Donald Frame. Redwood City, CA: Stanford University Press, 1958.

附录 B

人性、进化和道德规范

2000 多年前，亚里士多德认为人类有一个共同的人性——现在这一观点成了调查和争论的核心所在。当然，亚里士多德是作为哲学家、伦理学家和政治思想家先驱而知名的，但是他在西方也是首位重要的生物学家和动物学家，他有关人类的著名定义正是来源于他的科学背景。他所说的话带有简洁的力量，表明人类是政治或者社会动物。[1]

对于哲学家、社会学家和其他的思想家来说，通常的惯例是专注于人性中的政治和社会层面，但是亚里士多德还强调人类是动物。换句话说，我们是生物，和其他生物一样，我们都有内置的特征和偏好。它们和软件代码不一样——它们不会给我们编程，决定我们怎么想、怎么做。相反，它们会引导我们或者迫使我们以特定的方式思考、感知或者行动。从某种意义上来讲，它们构成了我们。

这种思考方式会让一些人感到不舒服，因为它看起来将人类退化成了动物，并忽视了我们的智慧、艺术、社会、技能以及精神成就。但是事实并非如此。这一观点并不是说进化和基因塑造了我们全部或大多数的所作所为，或者我们的本能驱使从根本上来看是动物性的。托马斯·阿奎那，伟大的天主教神学家曾写道："我们不仅仅有自己的肉体。"他还写道："既然灵魂是人类肉体的一部分，那就是说灵魂并不是人类的全部，我的灵魂也不是我的全部。"[2]

如果亚里士多德的一些观点是正确的，那么这些观点可能就会帮助解释为什么有关困难问题特定的思考方式吸引了来自不同文化和领域的伟大思想家，为什么我们每天对困难决策的思考也能反映这些特定的方式。原因在于，解决困难问题的这种特定方式能够加强有利于人类生存的合作倾向，并会相应地应对其他会降低人类生存概率的本能倾向。

我们是否应该接受亚里士多德的观点？亚里士多德是西方传统中最重要的思想家之一，这意味着我们应该重视他的思想，但是我们不能只因为亚里士多德（或者任何一位重要的思想家）碰巧认定这一观点就接受它。而且，如果我们将亚里士多德的思想看得更透彻一些，就会从当代进化理论中的共同的人性中找到强有力的支持这一观点的证据。

进化理论研究的是什么能力、特质和偏好帮助人类或者人类的祖先在严酷的自然选择中生存了下来。享有这些特质的生物更有可能生存、繁衍并进化成现在的我们。今天的进化科学依赖于心理学、生物学、基因学、人类学和其他能够绘制出社会常规以及思考和行动方式的学科，而这些思考和行动的方式能够帮助我们遥远的祖先生存下来，并朝着我们现在的样子进化。

有一个广泛的争论在于，生存下来并进化成我们的早期人类和原始人类之所以那样做是因为他们有彼此合作的倾向。有更多"合作者"的团体更有可能生存下来，因为他们的成员可以一起工作解决生存的基本问题——保护自己的孩子、寻找并储存食物、抵御掠食者，并在与其他人类群体的战斗中取胜。我们作为社会动物，共同的人性反映出的特质和前道德状态的本能，帮助我们的祖先应对并解决共同的人类挑战。

人类可能有某种内在的合作本能这种观点与进化论中经典的还原主义者的观点背道而驰。还原主义者的观点认为从本质上来看，自然选择是没有休止的冷酷的斗争过程，每个生物都在这个过程中彼此敌对。阿尔弗雷德·丁尼生著名的诗句"自然界充斥着腥牙血爪"正是对这种进化观点的总结。

如果共同的人性是存在的，那么它是什么呢？它以何种形式出现呢？进化理论——与许多哲学和宗教传统以及心理学理论一样，再一次指向了相同的宽泛答案。这一答案的基本思想是，人类是有缺陷的、分裂的。我们在仁慈、无私和令人敬佩的行为与侵略性、恶毒和掠夺中来来回回。这一主题有个清晰的思路，它不仅生动地运作于进化理论和宗教传统，还适用于伟大的文学作品、重要的历史著作、对每天生活的密切观察和个人反思。

这对道德规范有什么影响呢？过去的 20 年里，来自不同领域的学者和科学家都密切地关注于理解人性——从有共同的人性这一角度考虑人性和人类进化之间的关系。其他人则更为密切地关注并试图辨明我们现在所理解的进化论，与被广泛认可几乎是全球通用的有关如何制定伦理规范之间的关系。一个最近兴起的回答是无私的合作（即道德伦理所倡导的）帮助我们压制狭隘的利己主义的本能，让人类得以生存并成功繁衍。

上述有关进化和人性关系的观点引自以下著作：

Boehm, Christopher. *Moral Origins: The Evolution of Virtue, Altruism, and Shame.* New York: Basic Books, 2012.

Dawkins, Richard. *The Selfish Gene.* Oxford: Oxford University Press, 1976.

Flack, J. C., and Frans B.M. de Waal. "Any Animal Whatever: Darwinian Building Blocks of Morality in Monkeys and Apes." In *Evolutionary Origin of Morality: Cross-Disciplinary Perspectives*, edited by Leonard D. Katz, 1-29. Bowling Green, OH: Imprint Academic, 2002.

Kitcher, Philip. *The Ethical Project*. Cambridge, MA: Harvard University Press, 2011.

Krygier, Martin. *Philip Selznick: Ideals in the World*. Stanford, CA: Stanford University Press, 2012.

Kupperman, Joel. *Theories of Human Nature*. Cambridge, MA: Hackett Publishing Company, 2010.

MacIntyre, Alisdair. *Dependent Rational Animals: Why Human Beings Need the Virtues*. Chicago: Open Court Press, 1999.

Pinker, Stephen. *The Blank Slate: The Modern Denial of Human Nature*. New York: Penguin Books, 2003.

Stevenson, Leslie, and David L. Haberman, *Ten Theories of Human Nature*, chapter 11. Oxford: Oxford University Press, 2008.

Alfred Lord Tennyson. "In Memoriam A. H. H." 1850, http://www.portablepoetry.com/poems/alfredlord_tennyson/in_memoriam_ahh____. Html. The phrase about nature comes from Canto 56, which refers to man:

Who trusted God was love indeed

And love Creation's final law

Tho' Nature, red in tooth and claw

With ravine, shriek'd against his creed.

Wilson, E. O. *The Social Conquest of Earth*. New York: Liveright Publishers, 2013.

Wilson, James Q. *The Moral Sense*. New York: Simon & Schuster, 1997.

注　释

第 1 章

1. Lawrence J. Henderson, quoted in *On the Social System: Selected Writings*, ed. Bernard Barber (Chicago: University of Chicago Press, 1970), 67.

第 2 章

1. Former Marine Corps Lieutenant Patrick Abell, personal communication, May 21, 2014.

2. Nitin Nohria and Thomas R. Piper, "Malden Mills (A) (Abridged)," Case no. 9-410-083 (Boston: Harvard Business School, 2010).

3. Rebecca Leung, "The Mensch of Malden Mills," *60 Minutes*, July 3, 2003, http://www.cbsnews.com/news/the-mensch-of-malden-mills/.

4. 本诗作者为 Samuel Taylor Coleridge。Mill 在自传第五章中引用了该诗，以描述自己的沮丧和治愈的过程。(John Stuart Mill, *The Autobiography of John Stuart Mill* [1873; Stockbridge, MA: Liberal Arts Press, 1957], 134).

5. John Stuart Mill, *Utilitarianism* (1861; New York: Hacket Publishing

Company, 2002), 14. Mill 的传记作家 Nicholas Capaldi 是这样解释 Mill 的论述的：幸福需要"对高尚品格的普遍培育"，它还包括 "痛苦中相对的愉悦和自由的感觉"以及"比如有着更高级能力 的人类所呈现出的生命意义"。请见 Nicholas Capaldi, *John Stuart Mill: A Biography* (Cambridge: Cambridge University Press, 2004), 261-265.

6. 这 段 话 出 自 Chris Fraser, " Mohism, " *The Stanford Encyclopedia of Philosophy*, ed. Edward N. Zalta (Fall 2012 edition), http://plato. stanford.edu/archives/fall2012/entries/mohism/.

7. 有关这一教义的完整解释来自 Carine Defroot, " Are the Three ' Jian Ai ' Chapters about Universal Love? " in *The Mozi as an Evolving Text*, ed. Carine Defoort and Nicollas Standaert (Leiden/Boston: Brill, 2013), 35-68.

8. David Hume, *An Enquiry Concerning the Principles of Morals*, ed. Tom L. Beauchamp (Oxford: Oxford University Press, 1998), 74.

9. 有关这一话题的著作是 Philip E. Tetlock, *Expert Political Judgment: How Good Is It? How Can We Know?* (Princeton, NJ: Princeton University Press, 2009).

10. Robert K. Merton, " The Unanticipated Consequences of Purposive Social Action, " *American Sociological Review* 1, no. 6 (December 1936): 894-904.

11. 关于直觉决策挑战和近期有关这一话题的心理学研究，请看 Malcolm Gladwell, *Blink* (New York: Back Bay Books/Little, Brown & Co, 2005). 有关这些话题的权威著作是 Daniel Kahneman, *Thinking, Fast and Slow* (New York: Farrar, Straus and Giroux, 2011). Others studies include Timothy D. Wilson, *Strangers to Ourselves: Discovering the*

Adaptive Unconscious (Cambridge, MA: Belknap Press of Harvard University Press, 2002); Jonathan Haidt, *The Happiness Hypothesis: Finding Modern Truth in Ancient Wisdom* (New York: Basic Books, 2006); Richard H. Thaler and Cass R. Sunstein, *Nudge: Improving Decisions about Health, Wealth, and Happiness,* (New Haven, CT: Yale University Press, 2008); Steven Pinker, *How the Mind Works* (New York: W.W.Norton & Company, 1997); Steven Pinker, *The Blank Slate: The Modern Denial of Human Nature* (New York: Viking, 2002); Max H. Bazerman and Ann E. Tenbrunsel, *Blind Spots: Why We Fail to Do What's Right and What to Do about It* (Princeton, NJ: Princeton University Press, 2011); and Francesca Gino, *Sidetracked: Why Our Decisions Get Derailed, and How We Can Stick to the Plan* (Boston: Harvard Business Review Press, 2013). 这些书中有关这一调查的实际含义在 2015 年 5 月《哈佛商业评论》中有详细介绍。

12. 请见 Shai Danziger, Jonothan Levav, and Liora Avnaim-Pesso, "Extraneous Factors in Judicial Decisions," *Proceedings of the National Academy of Science* 108, no. 17 (2012): 6889-6892.

13. 这句话出自 Pinker, *How the Mind Works*, 58.

14. Douglas Stanglin, "Oprah: A Heavenly Body?" *U.S. News and World Report*, March 27, 1987. 许多调查研究与这些发现一致。请见例如 Nicholas Epley and David Dunning, "Feeling 'Holier Than Thou': Are Self-Serving Assessments Produced by Errors in Self- or Social Prediction?" *Journal of Personality and Social Psychology* 79, no. 6 (2000): 861-875.

15. Constantine Sedikides, Rosie Meek, Mark D. Alicke, and Sarah

Taylor, "Behind Bars but Above the Bar: Prisoners Consider Themselves More Prosocial than Non-prisoners," *British Journal of Social Psychology* (2014).

16. 这种偏好是几十年来心理学研究的焦点。见 Virginia S. Kwan, Oliver P. John, David A. Kenny, Michael H. Bond, and Richard W. Robins, "Reconceptualizing Individual Differences in Self-Enhancement Bias: An Interpersonal Approach," *Psychological Review* 3, no. 1 (January 2004): 94-110.

17. Bickel 写出这段话作为对美国越南战争决策的批评。完整的内容是这样的:"水门事件是最近一次政治攻击行为,是唯一曾经非常险恶、波及面广的一次事件,是暴力政治时代最近的一次攻击。我们不能在道德攻击的政治体系下存活。各个派别通常是高尚有道德的,极端和强迫都是少数。最崇高的道德通常总是过程中的道德。"请见 Alexander Bickel, *The Morality of Consent* (New Haven, CT: Yale University Press, 1975), 123.

18. 40多年前,著名的领导力学者 Leonard Sayles 曾写过一篇关于近十几年有关领导力,而不是管理的当务之急是什么的文章。见 Leonard Sayles, "Whatever Happened to Management?—or Why the Dull Stepchild?," *Business Horizons*, April 1970, 25. 除了 Sayles 的疑问和警告以外,许多文章都辨别出了管理者和领导者之间的差异,并对后者的职能概述趋于稳定。有关这一话题的一篇经典文章是 Abraham Zaleznik, "Managers and Leaders: Are They Different?," *Harvard Business Review*, May-June 1977. Zaleznik 说管理者和领导者工作与思考的方式截然不同,主要是因为其童年和早期经历完全不同。一年后,又一有关领导力的经典著作由 James McGregor Burns 创作出来,他认为领导者是变革型的,而管理者则需要处理"交易型"的任务。(*Leadership* [New York: Harper Perennial Classic Books, 2011]).

19. 请见例如，Robin S. Doak, *The March on Washington: Uniting Against Racism* (New York: Compass Point Books, 2007), 35-63.

20. 护士和消防员的例子以及有关做决策的普遍方法描述来自 Gary A. Klein, Judith Orasanu, and Roberta Calderwood, *Decision Making in Action: Models and Methods* (Norwood, NJ: Ablex Publishing Co, 1993).

21. 许多领域的学者都尝试过理解并更精确地描述他们做的决策多么"自然"，有些哲学家，或者概念上更像是管理者的人都为此做出了努力。请见 John Shotter and Haridimos Tsoukas, "Performing Phronesis: On the Way to Engaged Judgment," *Management Learning* (August, 2014): 377-396.

22. Jane Austen, *Pride and Prejudice* (1813; New York: Charles Scribner's Sons, 1918), 16.

23. 总体上来看，Bayes 信赖基于概率所创造的决策理论，但是这些概率可能追溯至文艺复兴时期的博学家 Cardano 在生活中所依赖的原则（他曾写过有关投机的著作），他向读者展示怎样运用概率评估，并给出具体的建议告诉他们如何作弊。

24. 这可能是 Bayes 理论最基本的应用。有关决策理论的书展现了其全部力量和复杂性。有关更为先进的方法的清晰解释是：Nate Silver, *The Signal and Noise* (New York: Penguin Press, 2012), 243-249. A broader, introductory book on decision making under uncertainty is Reid Hastie and Robyn Dawes, *Rational Choice in an Uncertain World* (Los Angeles: Sage Publications, 2010).

25. 最近实验室研究认为，为伦理困境制定框架要从在创造多种选择和解决困境的更有创造力、更实用的方法中什么能做的角度出发，而不是什么应该做。请见 Ting Zhang, Francesca Gino, and Joshua D. Margolis, "Does 'Could' Lead to Good? Toward a Theory of Moral Insight" (working paper, Harvard Business School, June 2014).

26. Tyler Cowen, *Average Is Over* (New York: Penguin, 2013), 98-110.

27. Madeleine Pelner Cosman and Linda C. Jones, *Handbook to Life in the Medieval World* (New York: Infobase Publishing, 2008), 347.

28. Robin Mejia, "Red Team Versus Blue Team: How to Run an Effective Simulation," CSO Daily, March 25, 2008, http://www.csoonline.com/article/2122440/emergency-preparedness/red-team-versus-blue-team--how-to-run-an-effective-simulation.html.

29. Doris Kearns Goodwin, *Team of Rivals: The Political Genius of Abraham Lincoln* (New York: Simon and Schuster, 2012).

第 3 章

1. David McCullough, *Truman* (New York: Simon & Schuster, 2003), 555.

2. 这些自然义务看起来是源于人类天性，可以这样简洁地进行解释和定义：

> 自然义务是"适用于所有人的道德要求，不论其处于何种地位或作何表现……应该对所有其他人承担起来的义务"。我们似乎有理由相信自己有根本或者基本正当的理由来解释，为什么我们有自然义务是人类的内在本质，也就是说，这就是那些有自然义务的人的内在本质（道德容受者）。

3. Moritz Kronenberg, *Kant: Sein Leben und Seine Lehre* (Munich: C. H. Bedsche Buchverhandlung, 1904), 133.

4. 另一个可以得出相同结论的方法来自 Larry Siedentop, *Inventing the Individual: The Origins of Western Liberalism* (Cambridge MA: Belknap Press, 2014).

5. *Catechism of the Catholic Church* (Vatican: Liberia Editrice Vaticana, 2000), article 1, paragraph 6, line 357. 此种争论，从其最广义的角度来看称为状态理论。哲学家 Warren Quinn 是这样总结的："人是由思想和肉体构成的。这些都是人的一部分。正是因为这个原因，我们能恰如其分地说人对思想和肉体会受到什么影响有充分的发言权。因为人被赋予了这种权威，道德准则就承认人作为个体可以自由选择，作为独立的个体生存的权利。既然这就是人的存在方式，他就值得受到这样的认可。"请见 Warren Quinn, *Morality and Action* (Cambridge, UK: Cambridge University Press, 1993), 170.

　　许多强调人类权利的中心地位的重要思想家都是无神论者和不可知论者，他们也有其他强有力的理由来支撑自己的观点。有些人认为人类有权利是因为我们是理智的、有意识的生物。自由主义者是从这一前提出发的，即我们从本质上"拥有"我们的肉体。因此我们有权利做任何利用我们的肉体来做的事。其他人认为个体的权利源于基本的社会条约，它为我们的政治和社会生活设立了相应条款。

　　此外，第 2 章讨论的结果的逻辑也为权利提供了强有力的原理支撑。如果个体没有对自己生命和财产的基本安全概念，社会会变成什么样？答案可能来自 17 世纪的政治哲学家 Thomas Hobbes，他说那么我们就会在一种极其糟糕的环境下生存，并"与全世界对抗"。

6. Cicero, *On Duties* (Salt Lake City, Utah: Stonewell Press, 2013).

7. 该引用来自 Pierre Hadot, *The Inner Citadel: The Meditations of Marcus Aurelius,* (Cambridge MA: Harvard University Press, 2001), 211.Hadot 认为斯多葛学派是西方所强调的人类绝对价值的根本起源。

8. 这一观点并不局限于当代进化理论家。Adam Smith 在 Charles Darwin 很久之前就写出："不论是多么自私的人，在其天性中都会有明显的原则，这些原则让他对让别人得到财富，或在必要的时候给予别人幸福感兴趣，于是他只会从这样的行为中得到看到别人快乐的乐趣，而非其他……想象一下，如果我们处于这样的人的位置……反过来可以说我们进入了他的身体，成了和他一样的人。"请见 Adam Smith, *The Theory of Moral Sentiments* (1759; New York: Penguin Classics, 2010), 2.

9. 斯坦福大学历史学家 Lynn Hunt 提出疑问，人权是怎样在 18 世纪末、19 世纪初期变成"不言自明的真理"的。这是一次显著的发展，因为奴役、折磨和对女性的压迫曾是人们日常所接受的现实情况。那么什么改变了呢？为什么这些惯例逐渐消失了呢？总之，在几个世纪后，人权似乎成为人类存在的长久特征。

   Hunt 的答案是流行媒体和大众媒体的兴起。在欧洲和新生的美国，价格低廉的小说和报纸让越来越多的人得以知晓受害者在肉体、心理和感情上都饱受折磨的经历。从未经历过重创和奴役或者饱受贫困折磨的人可以阅读到丰富生动、直观的体验，感知其他人是如何经历这些困境的。这些感知和理解触发了人们的同情心。读者从感情而非理智的考量上直觉地认为这些惯例是完全错误的，认为这些惯例对于像他们自己这样的人来说是错误的，仅是认为这些事情对于所有人来说都是错误的一小步。请见 Lynn

Hunt, *Inventing Human Rights: A History* (New York: W. W. Norton & Company, Inc., 2007).

10. 英国哲学家 Bernard Williams 提出这个短语用来总结有关道德决策的高度理性方法的基本批判。请见 Bernard Williams, *Moral Luck* (Cambridge, UK: Cambridge University Press, 1982), 17-18.

11. Kwame Anthony Appiah, *Cosmopolitanism: Ethics in a World of Strangers* (New York: W. W. Norton & Co., 2010), 52.

12. 有关那他珠单抗问题的这一解答主要基于 Joshua D. Margolis and Thomas J. DeLong, "Antegren: A Beacon of Hope," Case no. 9-408-025 (Boston: Harvard Business School, 2007).

13. Leif Wenar, "Rights," *Stanford Encyclopedia of Philosophy*, ed. Edward N. Zalta (Fall 2011 edition), http://plato.stanford.edu/archives/fall2011/entries/rights/. 美国宪法中出现了类似的问题。大多数国家的宪法都有基本权利，但是问题出现的范围从新西兰宪法（法律未提供根本权利）到玻利维亚宪法（详细阐释了 88 条基本权利）。

14. John M. Darley and C. Daniel Batson, "From Jerusalem to Jericho: A Study of Situational and Dispositional Variables in Helping Behavior," *Journal of Personality Social Psychology* 27, 1973: 100-108.

15. Gerald E. Myers, *William James* (New Haven, CT: Yale University Press, 1986), 31.

16. 有关这一争议的进一步讨论在前两段出现了，美国的管理者没有而且不应该有法律义务使股东利益最大化，详见例如 Bruce Hay, Robert Stavins, and Richard Vietor, eds., *Environmental Protection and the Social Responsibility of Firms* (Washington, DC: Resources

for the Future, 2005), 13-76; and Lynn Stout, *The Shareholder Value Myth: How Putting Shareholders First Harms Investors, Corporations, and the Public* (San Francisco: Berrett-Koehler Publishers, 2012).

17. 一位著名的法律方面学者在 2013 年写道：

> 得以让商业公司创立、成长、进行组织变革的灵活法律框架允许其进行一系列的价值选择，给予公司充分选择生产或提供什么样的产品和服务，以及通过何种方式进行生产和销售的权利。商业公司的法律框架中没有任何规定要求其必须通过某种特定方式而不能选择其他方式挣钱。相反，这种存在于世界大多数地方的下放式法律框架允许大量不同种类的公司最大化地发展其盈利或非盈利的价值。

> 详见 Eric Orts, *Business Persons: Legal Theory of the Firm* (Oxford: Oxford University Press, 2013), 221.

18. 有关这一观点的详细阐述以及 Tim Cook 评述内容的解释来自 Steve Denning, "Why Tim Cook Doesn't Care About 'The Bloody ROI,'" Forbes.com, March 7, 2014, http://www.forbes.com/sites/stevedenning/2014/03/07/why-tim-cook-doesnt-care-about-the-bloody-roi/.

19. American Law Institute, *Corporate Governance: Analysis and Recommendations* 2.01, Reporter's Note 29, 2.01(b)(2)-(3) and Comment d.

20. 有关利益相关者分析的经典著作是 R. Edward Freeman, *Strategic Management: A Stakeholder Approach* (Boston: Pittman, 1984). 其思想在很大程度上影响了广泛领域内的后续研究工作，比如项目管理、冲突解决、企业 – 政府关系和策略规划。Freeman 的书于 2013 年再版，请见 R. Edward Freeman, *Strategic Management: A Stakeholder Approach* (Cambridge, UK: Cambridge University Press, 2013).

21. Captain Renault to Rick, *Casablanca*, Julius & Philip Epstein, screenwriters (Hal B. Wallis Production, 1942).

22. 请见 Virginia Postrel, *The Future and Its Enemies* (New York: Free Press, 2011).

23. 从更广的角度来看，利益相关者的观点反映了美国资本主义近期，或者说现在已经消逝的时代——在那个稳定的时期公司有长期股东，限量的国内竞争者，很少的政府监控人员和由工会组成的稳定雇员。这些不同的群体可以被善意地看作重要的伙伴，一起工作面对日益增大的社会需求，或者可以看成是在少数共同利益中合作的"铁三角"。这两种观点都有重要的真相，但是它们也反映了一个已经结束的时代。有关铁三角观点的一个重要范例来自 Gordon Adams, *The Politics of Defense Contracting: The Iron Triangle* (New York: Council on Economic Priorities, 1981). 近来，学者对于美国商业 – 政府关系出现的更为复杂的观念争议颇多，这种观念来自于工厂"想要"政府监管者追求一种能够服务于公共利益的有价值的典范关系。请见 David Carpenter and David Moss, *Preventing Regulatory Capture: Special Interest Influence and How to Limit It* (Cambridge, UK: Cambridge University Press, 2014).

24. 提到 18 世纪末的法国革命，Burke 写道："生活中所有体面的遮掩都被残忍地撕掉。所有道德想象附加的观点和装饰都成了荒唐可笑的明日黄花，而这些都是我们内心所享有的，我们的认知所认可的，为了遮盖我们赤裸本性中错误的必需品，用来维护我们所认为的高贵品格。" Edmund Burke, *Reflections on the*

Revolution in France (1790; London: Seeley, Jackson, and Halliday, 1872), 75. The concept of moral imagination is multifaceted, and a conceptual and historical overview is David Bromwich, *Moral Imagination* (Princeton, NJ: Princeton University Press, 2014), 3-40.

25. Stuart Hampshire, *Innocence and Experience* (Cambridge, MA: Harvard University Press, 1991), 90.

26. 有关基本权利和义务的类似分析——被描述为反映了全球"重叠共识"的"核心价值",并伴随着为商业管理者提供的详细实用性指导是 Thomas Donaldson, "Values in Tension: Ethics Away from Home," *Harvard Business Review*, September-October, 1996, https://hbr.org/1996/09/values-in-tension-ethics-away-from-home.

27. Smith 在 *The Wealth of Nations* 之前出版了 *The Theory of Moral Sentiments*,他在去世的前几年再次提及了这本书。有关他成就的观点来自 Gertrude Himmelfarb, *The Roads to Modernity: The British, French, and American Enlightenments* (New York: Vintage, 2005), 35.

28. Adam Smith, *The Theory of Moral Sentiments* (Cambridge: Cambridge University Press, 2002), 229.

29. 同上,157.

30. E. O. Wilson, *The Social Conquest of Earth* (New York: Liveright Publishing Company, 2013), 62.

31. *Rabbi Louis Jacobs: The Preeminent Rabbi of First Century Palestine*, My Jewish Learning, http://www.myjewishlearning.com/article/hillel/ (accessed 7/10/15). Reprinted from *The Jewish Religion: A Companion* (Oxford/New York: Oxford University Press,

1995).

32. 马太福音中称，"别人对你怎么样，你就应该对别人怎么样，这就是律法先知"(Matthew 7:12 [King James Version])，马可福音中也称，"正如别人会对你做的那样，你也要对别人做同样的事"(Luke 6:31 [King James Version])。

33. 儒家传统包含了一个相似的准则。比如，当有人问孔子是否有一个字可以当作人生修为的准则时，他是这样回答的：难道不是恕吗？己所不欲勿施于人。我们自己不想做的事，也不要对其他人做。请见 Antonio Cua, *Dimensions of Moral Creativity* (University Park: Pennsylvania State University Press, 1978), 56. Other examples are cited in Michael Shermer, *The Science of Good and Evil: Why People Cheat, Gossip, Care, Share, and Follow the Golden Rule* (New York: Times Books, 2005), 25-26. 黄金法则不仅被广泛地发现并传播，还可能成了很多道德理论的根基。比如哲学家 Simon Blackburn 给出理由，他认为黄金法则是 Kant 的道德理论根基重要的组成部分。请见 Simon Blackburn, *Being Good* (Oxford: Oxford University Press, 2001), 116-119.

34. Bryn Zeckhauser and Aaron Sandoski, *How the Wise Decide* (New York: Random House, 2008), 160.

35. 运用前两个问题的方法是 Robert Nozick 有关边际约束等权利的表述，请见 Robert Nozick, *Anarchy, State, and Utopia* (New York: Basic Books, 1974), 28-30.

第 4 章

1. 请见 Spencer Ante, *Creative Capital: George Doriot and the Birth of*

Venture Capital (Boston: Harvard Business School Press, 2008).

2. Personal communication to author from various Harvard Business School faculty members.

3. " Planning and Procrastination: An A-Z of Business Quotations, *The Economist*, October 5, 2012, http://www.economist.com/blogs/schumpeter/2012/10/z-business-quotations.

4. Thomas Babington Macaulay, *Critical and Historical Essays* (1843; Chestnut Hill, MA: Adamant Media Corporation, 2001), 62.

5. 有关马基雅维利的思想有很多不同的阐述。同时马基雅维利的观点和思想也存在着问题，因为他的思想是为了政治领导所提出的，所以更适用于他们。正如 Max Weber 所强调的那样，其基本原因在于政治领导的决策通常包括使用武力。在 Weber 看来："正是人类手中所拥有的暴力合法的具体手段构成了政治中所有道德问题的独特性。"请见 Max Weber, *From Max Weber: Essays in Sociology* (London: Routledge, 2009), 124. The approach here draws heavily on Isaiah Berlin, " The Originality of Machiavelli, "in *Against the Current: Essays in the History of Ideas*, ed. Henry Hardy (Princeton, NJ: Princeton University Press, 2013), 33-100.

6. 同上，63.

7. Mark Twain, *The Wit and Wisdom of Mark Twain: A Book of Quotations*, ed. Alex Ayres (Mineola, NY: Dover Publications, 1998), 12.

8. Cicero, *De Officiis*, quoted in Sir William Gurney Benham, *A Book of Quotations, Proverbs, and Household Words* (Philadelphia: JP Lippincott, 1907), 60.

9. 这要归结于从 Benjamin Franklin、Edgar Allan Poe 到不知名的意大利警句家等不同的人。根据 *The Oxford Dictionary of Phrase and*

Fable，"不要相信你听到的，相信一半你所看到的"来自 19 世纪中期；一句相关的中世纪英文谚语也警告说不要相信所有别人说的或者你听到的，而又有 18 世纪末的一封信是这样写的："你不能把所有听到的都当作事实。"请见 Elizabeth Knowles, *The Oxford Dictionary of Phrase and Fable*, Encyclopedia.com., 2006, http://www.encyclopedia.com/doc/1O21 4-blvnthngfwhtyhrndnlyhlffw.html.

10. Alfred Lord Tennyson, "In Memoriam A. H. H.," 1850, http://www.portablepoetry.com/poems/alfredlord_tennyson/in_memoriam_ahh____. html. Canto 56 refers to man,

Who trusted God was love indeed

And love Creation's final law

Tho' Nature, red in tooth and claw

With ravine, shriek'd against his creed.

11. 即使是一些"模范"行为也证实了这一观点。从进化和生存的角度来看，我们的良知并不是值得信赖的判断何对何错的内部指示器。它也是追求自我利益的工具。正如一位学者所说，进化来的良知就是："坚定的、微弱的声音，告诉我们能在实现自己利益的同时不承担难以忍受的痛苦的路上走多远。"［请见 Kyle Summers and Bernard Krespi, *Human Social Evolution: The Foundation Works of Richard D. Alexander* (Oxford: Oxford University Press, 2013), 226.］对于一些进化论者来说，宗教本身是在最糟糕的情况下应对激进的、大男子主义者的解决方法，此时并没有任何人能在他们身边监管他们，并对他们的错误行为进行惩罚。从这种观点来看，古代宗教的神（可能现代宗教也是这样）的作用就像是"看不见的执法者"，他们会观察并惩罚社会不能观测并进行处罚的行为，避免太迟［请见 Philip Kitcher, *The Ethical Project* (Cambridge,

MA: Harvard University Press, 2011）, 230]。

12. Leslie Stevenson and David Haberman, *Ten Theories of Human Nature* (Oxford: Oxford University Press, 2008), 54.

13. 当然，也有其他古代哲学家持有不同的观点，但是他们的思想中仍有一个强烈的主题，考虑到人性，国家必须在保证文明行为中占有重要地位，请见 Herbert Plutschow, "Xunzi and the Ancient Chinese Philosophical Debate on Human Nature," *Anthropoetics* 8, no. 1 (Spring-Summer 2002), http://www.anthropoetics. ucla.edu/ ap0801/xunzi.htm.

14. Philip Martin McCaulay, *Sun Tzu's the Art of War* (Raleigh, NC: Lulu Press, 2009), 25.

15. Giambattista Vico, *New Science: Principles of the New Science Concerning the Common Nature of Nations*, trans. David Marsh (1725; New York: Penguin, 2001), 78.

16. Stuart Hampshire, *Innocence and Experience* (Cambridge, MA: Harvard University Press, 1991), 170.

17. Niccolò Machiavelli, *Mandragola* (The Mandrake), trans. Stark Young (1524; New York: Macaulay, 1927), 22.

18. 这是国际关系中什么是标准分析的一个版本。有时候人们也称之为现实政治，源自于 Thucydides，Machiavelli 对其进行的详细阐释，后来又由 Hans Morgenthau 和其他人进行了系统的解释。哈佛教授 Joseph Nye 创造出一个表达——软权力，并将其和硬权力进行了区分。请见 Joseph S. Nye Jr., *Soft Power: The Means to Success in World Politics* (New York: Public Affairs, 2009).

19. Michel de Montaigne, *The Complete Essays of Michel de Montaigne, trans. Donald Frame* (Stanford, CA: Stanford University Press,

1958), 393.

20. Hans Emil Klein, *Interactive Teaching and Emerging Technologies* (Needham, MA: World Association for Case Method Research & Application, 1996), 223.

21. Niccolò Machiavelli, *The Prince*, trans. George Bull (1532; New York: Penguin Classics, 2003), 99.

22. Robert Weisman, "Biogen Reports Death of Patient on its MS Pill," *Boston Globe,* October 22, 2014, B7.

23. Machiavelli, *The Prince*, chapter 18.

24. 同上，100ff.

25. 请见 Tim Parks, *Medici Money: Banking, Metaphysics, and Art in Fifteenth-Century Florence* (New York: W. W. Norton & Company, 2005).

第 5 章

1. William H. Whyte Jr., *The Organization Man* (Garden City, NY: Doubleday Anchor Books, 1956).

2. 这个表述阐释了来自非洲南部，和最近在整个非洲大陆传播的哲学和宗教角度的中心思想。请见 Michael Jesse Battle, *Reconciliation: The Ubuntu Theology of Desmond Tutu* (Cleveland: Pilgrim Press, 2009).

3. 这是 Godwin 有关这一情形的观点："从一般普遍的观点来说，我和我的邻居都属于人类；从结果的角度来看，我们都应享有相同的关注度。但是事实上，我们中的某个人可能比其他人更有价值、更重要。人比动物更有价值是因为人类拥有更高级的设备，有能力得到更精致而美好的幸福感。请见 William Godwin, *Enquiry Concerning Political Justice* (1793; Oxford: Clarendon Press, 1971), 70.

4. 哲学家 John Rawls 对构成性关系提供了一个基本定义，即便他并没有明显地运用这个术语：

> 市民可能有，或者说正常来讲在任何时候都有感情、热爱和忠诚，他们相信自己不会或者真实来讲不能、不应该从他们纯理性的好的观点中将其区分开来，或者对其进行客观的评价。他们可能只是认为将他们自己和特定的宗教、哲学和道德信念，或者特定的长久成就和忠诚区分开是难以置信的。这些成就和忠诚……（帮助）组织并塑造人的生命，这也是人认为自己在试图实现自己的社会世界时的所作所为。我们认为如果突然失去了这些特定的信仰和附加成分，我们就会失去方向不能继续前行。事实上，我们可能会认为没有意义继续下去。

请见 John Rawls, *Collected Papers*, ed. Samuel Freeman (Cambridge MA: Harvard University Press, 1999), 405. 从博弈论领域来看，和这种思考方式相对应的观点是，个体会部分从实现团队目标的角度来定义自己的目标。Michael Bacharach, *Beyond Individual Choice: Teams and Choice in Game Theory*, ed. Natalie Gold and Robert Sugden (Princeton, NJ: Princeton University Press, 2006).

5. Abraham Lincoln, *Lincoln's Gettysburg Oration and First and Second Inaugural Addresses* (New York: Duffield & Co., 1907), 35.

6. Philip Selznick, *TVA and the Grass Roots: A Study in the Sociology of Formal Organization* (Berkeley: University of California Press, 1949), 181.

7. Blaise Pascal, *Pensées and Other Writings*, ed. Anthony Levi, trans.

Honor Levi (Oxford: Oxford University Press, 1995), 158.

8. Leslie Stevenson and David Haberman, *Ten Theories of Human Nature* (Oxford: Oxford University Press, 2008), 51, Kindle edition. 当代一种著名的观点可能和古印度的信仰不谋而合，"所有人和人类本身都是一个整体"，请见 Thomas Nagel, *Mind and Cosmos: Why the Materialist Neo-Darwinian Conception of Nature Is Almost Certainly False* (New York: Oxford University Press, 2012).

9. 译者已经通过运用不同术语来表达这一思想，但是他们的基本目标是传达人类倾向于和群体一起生存，这是因为他们的天性，或者更准确地说是人类能通过语言进行复杂的交流。这让人类可以做到个体不能进行的活动和生活，因为一个人的力量是不够的。请见 Fred Miller, "Aristotle's Political Theory," in *The Stanford Encyclopedia of Philosophy*, ed. Edward N. Zalta (Fall 2012 edition), http://plato.stanford. edu/archives/fall2012/entries/aristotle-politics/.

10. Martin Luther King Jr., *Letter from the Birmingham Jail* (New York: Harper Collins, 1994), 4.

11. 在接下来的几个世纪，全人类统一这一形象逐渐消失，但是其核心观点仍旧存在。例如，天主教传统中最重要的通谕中称："没有全人类团结精神的同时发展，就不会有全面的个人发展。"正如我们在孟买所说的："作为兄弟和姐妹，以及我们都是上帝的孩子，人必须满足人的需求，国家必须满足国家的需求。在共同理解和友谊中，在神圣的交流中，我们必须开始共同工作建立人类共同的未来。"请见 Pope Paul VI, *Populorum Progresso*, http://www.newadvent.org/library/docs_pa06pp.htm.

12. Albert Einstein, "Religion and Science," *The New York Times Magazine*, November 9, 1930, 1.

13. Franz de waal 是荷兰的一位灵长类动物学家。他在 *Age of Empathy: Nature's Lessons for a Kinder Society* (New York: Harmony Books, 2009) 中根据几十年的调查总结道，同情心是种本能行为。他接着说，像 Hume 和孔子所表达的一样，认同其他人感情的能力可能会构成道德行为的核心。生物学并没有给出可能的原因和影响，但是证实了这一观点的存在。从我们已经进化成社会生物的程度来看，特定的思考和行动方式可能是"自然而然的"。这说明，当我们思考困难决定时，比起我们作为个体应该做的思考和行动，我们应该看得更透彻一点。

14. Michael Newton, *Savage Boys and Wild Girls: A History of Feral Children* (London: Faber and Faber, 2002).

15. Philip Selznick, *The Moral Commonwealth* (Berkeley: University of California Press, 1992), 123.

16. 这是尼采名言大集的标题，完整的标题是 *Menschliches, Allzumenschliches: Ein Buch für freie Geister* (Human, All Too Human: A Book for Free Spirits) (1878).

17. Chester I. Barnard, *The Functions of the Executive* (Cambridge, MA: Harvard University Press, 1971), 239.

18. 有关 Holmes 思考方式的拓展研究，涉及当代心理学和神经科学的是 Maria Konnikova, *Mastermind: How to Think Like Sherlock Holmes* (New York: Penguin, 2013).

19. 有关设计思维的精彩介绍来自 Tim Brown, *Change by Design* (New York: Harper Collins Publishers, 2009).

20. 此观点为作者个人观点。

21. Abraham Edel, *Aristotle and His Philosophy* (Piscataway, NJ: Transaction Publishers, 1995), 9-11.

22. 有关这一叙述角度的大多数文学评述和现实的"社会架构"来
自 Jerome Bruner, "The Narrative Construction of Reality," *Critical Inquiry* 18, no. 1 (Autumn 1991): 1-21.

23. Adrienne Rich, "Love Poem II," in *Selected Poems* (New York: W. W. Norton & Co., 2013), 54.

24. Oliver Wendell Holmes Jr., *The Common Law* (1881; Mineola NY: Dover Publications, 1991), 1.

25. *The Holmes-Pollock Letters: The Correspondence of Mr. Justice Holmes and Sir Frederick Pollock*, 1874-1932, 2nd ed., ed. Mark De Wolfe Howe (Cambridge, MA, Belknap Press of Harvard University Press, 1961), 109.

第 6 章

1. 有关哲学和管理评价的管理文学的近期完整评述来自 John Shotter and Haridimos Tsoukas, "In Search of Phronesis: Leadership and the Art of Judgment," *Academy of Management Learning & Education* 13, no. 2 (June 2014): 224-243.

2. Gautama Buddha, "Sermon at Benares," in *Speeches in World History*, ed. Suzanne McIntire (New York: Facts on File, 2009), 13.

3. Confucius, *Confucius: Confucian Analects, The Great Learning and the Doctrine of the Mean*, trans. James Legge (New York: Dover Publications, 1971), 395. 有关儒家传统中特殊情况不可避免的判断的处理方法来自 Antonio Cua, *Dimensions of Moral Creativity* (University Park, PA: Pennsylvania State University Press, 1978).

4. Moses Maimonides, "Mishneh Torah: Laws of Ethical Conduct," in

Hal M. Lewis, *From Sanctuary to Boardroom: A Jewish Approach to Leadership* (Lanham, MD: Rowman & Littlefield Publishers, 2006), 134.

5. 平衡的宗教原则通常出现在当代伊斯兰教的解释和比较宗教学的研究中。

6. Alexander Nehamas, *Nietzsche: Life as Literature* (Cambridge MA: Harvard University Press, 1987), 158.

7. Sloan's impact on twentieth-century management is described in detail in Alfred Chandler, *Strategy and Structure: Chapters in the History of American Industrial Enterprise* (Washington DC: The Beard Group, 1962).

8. Alfred P. Sloan, *My Years with General Motors* (New York: Crown Business, 1990), xxii.

9. Hemingway 所写的事是斗牛，其完整阐释是："到目前为止，有关道德我只知道，道德是你事后感到愉快，不道德是你事后感到糟糕，并会有其他道德标准对你进行评判。我不会辩解，斗牛对我来说是道德的，因为我觉得这件事很好，斗牛的过程中让我有种生和死、道德和非道德的感觉，结束以后我觉得很悲伤，但是仍旧很好。"请见 Ernest Hemingway, *Death in the Afternoon* (1932; New York: Scribner, 1960), 13.

10. Sartre 的表述是 Dmitri Karamazov 对其兄弟 Alyosha 在由 Fyodor Dostoyevsky 所著的 *The Brothers Karamazov* 的释义版本。请见 Jean Paul Sartre, *Existentialism Is a Humanism* (1946; New Haven: Yale University Press, 2007), 28. 人们从不同的角度对 Sartre 的观点进行了阐释，有些版本很温和，只是认为人类是自由的，或者正如 Sartre 经常说的："命中注定是自由的。"因此人类必须为

自己做重要的选择，而不是受命于某个机构或者正统学说。在
Being and Nothingness 中 Sartre 写道："我的自由是独特的价值观
基础，没有任何事，绝对没有任何事能左右我接受这样或那样的
价值，这些或那些价值。"

11. Barbara McKinnon, ed., *American Philosophy: A Historical Anthology* (Albany, NY: State University of New York Press, 1985), 46.

12. William Shakespeare, *Measure for Measure* (*The Riverside Shakespeare*, ed. G. Blakemore Evans [Boston: Houghton Mifflin Company, 1974]), act 2, scene 2, lines 114-123.

13. Ignatius of Loyola, *The Spiritual Exercises and Selected Works*, ed. George E. Ganss, S.J. (Mahwah, NJ: Paulist Press, 1991).

14. William Shakespeare, *Macbeth* (*The Riverside Shakespeare,* ed. G. Blakemore Evans [Boston: Houghton Mifflin Company, 1974]), act 2, scene 3, line 111.

15. Michael Walzer, *Just and Unjust Wars: A Moral Argument with Historical Illustrations* (New York: Basic Books, 2010), 6.

16. William James, *Pragmatism* (1907; Buffalo, NY: Prometheus Books, 1991), 10.

17. Joseph Addison, *Cato: A Tragedy in Five Acts* (1713; Seattle: Amazon Digital Services), 18.

18. 该主张是 Daniel Gilbert, *Stumbling on Happiness* (New York: Vintage, 2006) 的主题。

19. Rebecca Leung, "The Mensch of Malden Mills," *60 Minutes*, July 3, 2003, http://www.cbsnews.com/news/the-mensch-of-malden-mills/.

20. David McCullough, interview with Bruce Cole, *Humanities*, July-August 2002.

21. Guy de Maupassant, *Alien Hearts*, trans. Richard Howard (New York: New York Review of Books, 2009), 104.

22. Jim Mullen, personal communication to Professor Joshua Margolis, Harvard Business School, 2007.

23. Richard Burton, *To the Gold Coast for Gold* (London: Chatto and Windus, 1883), 59. This statement is quoted in and summarizes a basic theme of Kwame Anthony Appiah, *Cosmopolitanism: Ethics in a World of Strangers* (New York: W. W. Norton & Company, 2007).

24. David Lilienthal, *Management: A Humanist Art* (New York: Columbia University Press, 1967), 18.

25. 同上。

附录 A

1. Tony Davies, *Humanism* (London, England: Routledge, 1997).

附录 B

1. 有些译者用"社会"一词来表达这一观点，而不是"政治"。不管是哪个词，他们的目的都是表达人类天性倾向于进行团体生活。因为天性，或更具体地说是因为他们有能力通过语言进行复杂的沟通。这让人类能够进行个体不能完成的活动，因为个人的力量是不够的。请见 Fred Miller, "Aristotle's Political Theory," in *The Stanford Encyclopedia of Philosophy*, ed. Edward N. Zalta, Fall 2012 edition, http://plato.stanford.edu/archives/ fall2012/entries/aristotle-politics/>.

2. 请见 Alisdair MacIntyre, *Dependent Rational Animals: Why Human Beings Need the Virtues* (Chicago: Open Court Press, 1999), 55.

推荐阅读

2019年新版 彼得·德鲁克全集

ISBN	书名	价格
978-7-111-63738-7	管理的实践（中英文双语版）	199
978-7-111-60402-0	卓有成效的管理者	69
978-7-111-60229-3	创新与企业家精神	89
978-7-111-62404-2	管理：使命、责任、实践（实践篇）	89
978-7-111-62405-9	管理：使命、责任、实践（使命篇）	129
978-7-111-62433-2	管理：使命、责任、实践（责任篇）	89
978-7-111-60971-1	旁观者：管理大师德鲁克回忆录	99
978-7-111-59522-9	最后的完美世界	69
978-7-111-59720-9	21世纪的管理挑战	69
978-7-111-59777-3	德鲁克论管理	69
978-7-111-59780-3	已经发生的未来	69
978-7-111-59837-4	行善的诱惑	59
978-7-111-59991-3	公司的概念	79
978-7-111-60009-1	巨变时代的管理	79
978-7-111-60014-5	人与绩效	89
978-7-111-60093-0	管理未来	89
978-7-111-60097-8	非营利组织的管理	69
978-7-111-60101-2	新社会	99
978-7-111-60307-8	管理的实践	99
978-7-111-60308-5	管理前沿	89
978-7-111-60367-2	德鲁克管理思想精要	89
978-7-111-60435-8	养老金革命	69
978-7-111-60441-9	德鲁克看中国与日本：德鲁克对话"日本商业圣手"中内功	69
978-7-111-60511-9	下一个社会的管理	69
978-7-111-60611-6	工业人的未来	59
978-7-111-60799-1	动荡时代的管理	69
978-7-111-61500-2	管理新现实	69

关键时刻掌握关键技能